幸福
女人 的
修心艺术

钱 静◎著

中华工商联合出版社

图书在版编目(CIP)数据

幸福女人的修心艺术：做个优雅知性的魅力女人 /
钱静著. -- 北京：中华工商联合出版社，2019.3
　ISBN 978-7-5158-2493-2

　Ⅰ.①幸… Ⅱ.①钱… Ⅲ.①女性－修养－通俗读物
Ⅳ.①B825.5-49

中国版本图书馆CIP数据核字（2019）第 067820 号

幸福女人的修心艺术：做个优雅知性的魅力女人

作　　者：	钱　静
责任编辑：	吕　莺　董　婧
封面设计：	天下书装
责任审读：	李　征
责任印制：	迈致红
营销推广：	王　静
出版发行：	中华工商联合出版社有限责任公司
印　　刷：	河北飞鸿印刷有限公司
版　　次：	2019年10月第1版
印　　次：	2019年10月第1次印刷
开　　本：	710mm×1020mm　1/16
字　　数：	97千字
印　　张：	16.25
书　　号：	ISBN 978-7-5158-2493-2
定　　价：	45.00元

服务热线：010-58301130
销售热线：010-58302813
地址邮编：北京市西城区西环广场A座
　　　　　19-20层，100044
http://www.chgslcbs.cn
E-mail: cicap1202@sina.com(营销中心)
E-mail: gslzbs@sina.com(总编室)

C目录
Contents

第二章

换个角度发现幸福

第三章

懂"舍得"才能留住幸福

第四章

阳光心态造就幸福生活

第五章

敞开胸怀拥抱无限幸福

第六章

努力奋斗才能赢得幸福

第七章

经历风雨更能珍惜幸福

第八章

活在当下把握点滴幸福

第一章
经营幸福胜过寻找幸福

幸福之道在于修心

知足常乐种出幸福的花

攀比之心是幸福的阻碍

惜福懂福才知幸福美

幸福来自付出

不抱怨才能得到幸福

乐观的生活态度是启动幸福的开关

幸福之道在于修心

很多女人常常忽略自己拥有的幸福，却在羡慕、嫉妒、恨他人的幸福中让自己的内心饱受煎熬；或者因为一时的得失而痛苦不堪，认为自己不如别的女人幸福。

其实幸福之道在于修心，只要修好了心态，你就会发现自己的幸福并不比别人少。

幸福离人并不遥远，在每天日出日落的更替中，幸福随时都会环绕在人的身边。清晨出门，父母关爱的叮咛是幸福；夜晚归家，家人做好了可口的饭菜是幸福；与爱人漫步，畅叙心中的情感是幸福；养育孩子，与孩子共同成长是幸福……

幸福以各种各样的形式存在于人们身边，它是一种生命的感受，一种人生的体验。因此，只要调整好心态你就会发现，幸福不是去期盼我们没有的东西，幸福是平凡的，过好当下的生活就是幸福。

追求幸福要调整好心态。人只要拥有良好的心态，即使在平淡如水的生活中，也能体验到幸福。所以说幸福之道在于修心，幸福的人不管面对怎样的生活都会因调整心态感受到幸福，即使是遭遇困难、身处逆境，也会有追求幸福的心态。

一个人在出差途中不慎将包丢了，钱包、高档相机和他多年来利用业余时间花费了大量心血整理的一些珍贵资料也都丢失了。他曾经失落了一段时间，可没过多久人们就又见到他灿烂的笑容了。

有人替他惋惜，他却哈哈大笑起来："没什么大不了的，不能因为这点小事影响了我的好心情，留得青山在，何愁没柴烧？"

人们佩服他豁达的心态，是啊，东西反正已经丢了，急、气、怨都是无济于事的。与其丢了东西又损失了一份好心情，还不如心平气和，重新开始。

一个人幸福与否，心态至关重要。在生活中，无论遇到什么事，只要心态积极乐观，就一定是幸福的。人的一生充满了烦

恼，旧烦恼离去，新烦恼不断地涌来，所以，如果我们总处在烦恼当中，就会与幸福无缘。

一只小蜗牛问妈妈："为什么我们从生下来就要背负这个又硬又重的壳呢？"妈妈看着孩子的眼睛，说道："因为我们的身体没有骨骼的支撑，只能爬，又爬不快，所以要用这个壳来保护自己！"小蜗牛迷惑地问："毛毛虫没有骨头，也爬不快，为什么它却不用背这个又硬又重的壳呢？"妈妈说："因为毛毛虫能变成蝴蝶，天空会保护它啊。"小蜗牛又问："可是蚯蚓也没骨头也爬不快，也不会变成蝴蝶，它为什么不背这个又硬又重的壳呢？"妈妈就说："因为蚯蚓会钻土，大地会保护它啊。"听了妈妈的话，小蜗牛流眼泪了："我们好可怜，天空不保护我们，大地也不保护我们，我们怎么办呢？"妈妈安慰它说："我们有壳啊！"

蜗牛的"壳"对人来说就是好心态，好心态能让人远离烦恼，不断地自我鼓励，使人的心灵获得力量。

有人出了个题目给两位画家，题目是《安静》，要他们各画一张以此为题的画。

画家甲画了一个湖，湖面平静，好像一面镜子。他还画了远山和湖边的花草，连水面上的倒影，也画得清清楚楚。

画家乙画了一个飞流直泻的瀑布，旁边有一棵小树，树上有一棵小枝，枝上有一个鸟巢，巢里有一只小鸟，那只小鸟正在窝里睡觉。

两位画家的画都画出了安静，但第二幅画才是真正画出了安静的境界，因为他画出了内心的安宁、平静。

人们追求幸福也是一样，不能只追求表面上的幸福，要追求内心深处真正的幸福。幸福的女人在成功时不骄傲自满，失败时也不灰心痛苦。

所以，女人要想幸福，修心很重要，因为有了好的心态才能寻找到幸福。

美味的食物、真诚的友谊、温暖的阳光、欢愉的微笑……幸福其实就潜藏在日常生活的点点滴滴中。生活的本质是快乐、真实的，幸福的本质也是人们发自内心的对生活的真实感受。女人拥有了积极乐观的心态，就会感到整个世界充满阳光，因此，不管女人的际遇是好是坏，事业是否顺利，家庭是否美满，都应该记住：幸福不是节日的点缀，也不是遥不可及的奢望，只要修炼好心态，自然能感受到幸福。

知足常乐种出幸福的花

　　女人只要做到知足常乐，就可以种下幸福的种子，开出幸福的花。知足常乐是人最好的心态，而好心态会让人懂得幸福的真正奥秘——不是拥有金钱和地位就是幸福的，最重要的是拥有好的心态。

　　每个人都是有愿望的，愿望引导着人朝着有理想、有目标、有追求的方向行进；人又都是有欲望的，欲望和愿望是两个不同的概念。人的欲望若是太过强大，会害了人，不但不会追求到幸福，还会常常感到痛苦。所以欲望过大就应该克制，而不是放纵。克制欲望是一种修养品德的过程。古人说"无欲则刚"，就是指人的修养到了一定的程度能克制欲望，从而保持心态的平和。

　　克制欲望首要条件就是保持知足常乐的心态。皮尔博士是著名的知足常乐观念的倡导者，他主张人每日醒来都应在心中灌注知足思想："想着好的一日，感谢好的一日，计划好的一日，祈祷好的一日，创造好的一日，带着信心出发。"

　　所以，想幸福就要做到知足常乐，天气的阴晴我们无法控制，但心灵的"阴晴"却可由我们自己自由掌握。

　　一个人把车开到一个加油站去加油，那天他原本心情不错，但加油员加油时，不经意说的一句话却让他好心情变糟了。加油员说："你的身体不太好吗？"这人说："我觉得很好啊。""是吗？你好像有病！"加油员说。"我觉得很好啊。"他回答了加油员，可心里却打起鼓来。加油员坚持说："你看起来并不太好，你气色不对，脸色黄黄的。"

　　这人心沉沉的，加完油开车离开了那个加油站，一路上，他不断停车来看看镜子中的自己是否真的如此。他想：我的肝可能有问题，我可能病了自己还不知道。回到家中，他还是继续寻找着自己脸黄的原因。"我真是不幸啊。"他焦虑地说。他的妻子说他的脸并不黄，还拿来镜子给他照，他反复照，没发现脸黄，但紧张的心情并没有缓解。过了十多天，他再一次来到加油站时

发现了问题所在：原来加油站靠墙的油桶上喷上了黄色的油漆，每个到那里加油的人都被反射的黄光照成了"黄脸"，的确像是有病的样子。

回家后，这人对妻子说："我竟然让一个完全不认识的陌生人把原本快乐的心情完全改变了——加油员说我好像生病了，我就真的感到自己有病了！"

可见，心态决定人的思想。而保持知足常乐的心态，会帮助人排解出心中的悲观情绪。很多女人多愁善感，实际上是因为做不到知足常乐，倘若多想想生活中愉快有趣的事，以最大的努力让快乐充满内心，自己就会乐观起来，就不会思前想后、愁容满面、心情抑郁了。

女人应学会时时把自己的注意力放在美好的事情上，而非放在丑恶的事情上。当女人感到忧郁、失望时，应试着改变心境，多想想自己拥有的幸福，这样在困境中也能看到生活中的美好和积极的一面，心态也会随之乐观起来。

经济发展能够增加人的幸福感，这是不争的事实。在经济高速发展的今天，随着人们生活的物质条件从匮乏转向丰富，很多女人进入了财富自由的队伍中。但财富自由不等同于幸福，有些女人陷入了误区，以为有钱就会幸福，但事实证明，财富的不断增加对幸福的作用实际上越来越小，作用最大的还是人的心态。

在生活中，知足常乐是明智的，珍惜自己拥有的东西才会幸福。别以为"只要赚到100万元，就幸福了"，也别说"只要能当上总经理就快乐了"，更别想"等到退休的时候，有很大的房子和大笔存款就满足了"。这样的人即使达到目标，也不会感到幸福。

如果一个人将自己的幸福寄托在外在的物质条件上，那这样的幸福就不是真幸福。现实中，有许多女人享受不到幸福生活，就因为她们设定的一个又一个目标达到之后，非但不能感到满足，反而被更大的目标驱使，感到更加不如愿。她们的内心似乎总是受到物欲的煎熬，甚至还包括了情感的纠缠，她们在烦恼纠结中走完一生，始终无法找到心驰神往的幸福。所以，女人如果真的想要得到生活的乐趣，找到幸福的感觉，就要树立知足常乐的意识，珍惜身边的"小幸福"，比如在躺椅上晒晒太阳，陪父母聊聊天，和孩子做做亲子游戏……这些看似简单却很容易办到的事，是最能让人感到幸福的。

知足常乐种出的花是幸福的花。

攀比之心是幸福的阻碍

每个人都希望得到幸福，但不同的人对幸福的理解是不一样的，幸福更多的时候是一种感觉，所以，一个人幸福与否不是与他人比较的结果，你觉得自己幸福就够了。

聪明的女人对幸福的认识除了物质上的满足，关键在于内心的发现和把握。人的幸福感当然与他的物质生活条件有关，但这是唯一的决定因素吗？是不是一个人月收入5000元，另一个人月收入100000元，后者的幸福感就是前者的20倍？答案当然是否定的。因为幸福的世界既不是有钱人的世界，也不是有权人的世界，它是"有心人"的世界。

有这样一个很多人都看过的故事。

一个渔夫躺在沙滩上晒太阳，一个富人走过来问他："你为什么不去打鱼赚钱？"渔夫没有回答这个问题，而是反问道："你为什么不去工作呢？"富人说："我已赚了足够的钱，我有自己的事业，有汽车有房子。""有了大把的金钱那又怎样呢？""有了足够的钱我就可以来这里的海滩度假，比如我现在就是在度假。""可我今天已经赚够了今天生活的钱，现在即使我不去打鱼赚钱，不是可以像你一样享受生活吗？你辛辛苦苦赚钱又是为了什么？"渔夫反问富人。富人陷入了久久的沉思中。

这个故事印证了一个道理：幸福在于人内心的感觉，而不在于外在的条件。

有人在买彩票时中了大奖，有人在孤单落寞时觅到了相爱的意中人，有人在人生低谷时巧遇"贵人"相助。这些固然是获取幸福的途径，然而，这样的事毕竟是可遇不可求的。其实，人生中有许多的幸福就藏在日常生活里，需要人用心去捕捉。

女人需要的幸福是什么？是失落时爱人、恋人的一声安慰，是节日里朋友间的一句祝福，是生病时亲友们的一束鲜花，是辛苦工作了一天回到家时父母、爱人已经准备好的热菜热饭，是儿女亲昵的一声呼唤……只要你细细地品味和体会，就会发现幸福

无时无刻不在围绕着你。

虽然幸福的含义因人因事因地因需而异，但人要学会憧憬幸福，以一种平凡心态去追求幸福。幸福不是从攀比中得来的，每个人的幸福只能自己去追求。很多女人把自己对幸福的期望值提得高不可即，或者把自己的幸福寄托在他人身上，这些想法都是不对的。

女人比男人更敏感，所以，只要留心体验生活，就能感受到幸福。千万不能让攀比降低了自己的幸福感，不能让攀比破坏了自己辛苦奋斗得来的幸福。人生不如意十之八九，幸福的得来也需经历磨难，正如经过风雨后才能见彩虹。所以，面对困难不逃避，珍惜自己拥有的一切而不去与他人攀比，这样就会找到幸福之源，拥有源源不断的幸福与快乐。

有一位师父手下有众多徒弟，其中一个徒弟才华出众，可他总是和其他师兄弟比来比去，师父对此感到非常厌烦。

有一天早上，师父派这个徒弟去买一些盐回来。这个徒弟很不情愿地把盐买回来后，师傅让他把盐倒进水杯里喝下去，然后问他味道如何。徒弟吐着舌头说："很咸。"

师父笑着让徒弟带着一些盐和自己一起去湖边。来到湖边后，师父让徒弟把盐撒进湖水里，然后对他说："现在你喝点湖水。"徒弟喝了口湖水。师父问："有什么味道吗？"徒弟回答："很清凉，不咸。"师父又问："真的没有尝到咸味吗？"徒弟说："没有。"

师父意味深长地对徒弟说："人生的对比如同这些盐一样，放在不同容器里表现不一样。如果你的胸怀像杯子那样狭小，那盐放进去就一定会让你觉得很咸；而如果你的胸怀像湖水这样广大宽阔，那盐放进去就会被淡化了，你就没有咸的感觉了，而是感到清凉可口的甘甜。"

小徒弟点点头，从此他不再和其他人比来比去了。

所以，女人追求幸福，内心的修养很关键。缺乏修养的女人心胸不开阔，对人对物不包容，事事攀比，处处小心眼；而修养高的女人心胸开阔，性格开朗，她们不去攀比，没有抱怨，因而总是能感到幸福的美妙。

人的心态与性格是密切相关的，一个人如果性格开朗、豁达、乐观，就会是快乐和幸福的人；而心胸狭窄、脾气古怪、性格孤僻、好挑衅或总是顾影自怜的人，永远也不能感受到快乐和幸福。所以，女人要使自己成为传递快乐的幸福使者，就必须养

成积极向上的性格。

　　总之，攀比之心是幸福的阻碍，人要想获得幸福，首先要有平和的心态。

惜福懂福才知幸福美

很多女人认为，生活清闲再有个会挣钱的老公就是幸福在身边，如果这些愿望不能得到满足，就认为自己很苦命。

那么，究竟什么才是幸福呢？生活中幸福的现象其实很多：当你达到力所能及的目标，当你找到称心如意的工作，当你家庭和睦、亲人健康……这些其实都是幸福。女人如果懂得惜福就知幸福美，如果懂得感恩生活给的一切，就会让幸福的滋味滋润自己。因为惜福，人会少索取，多感恩；因为惜福，人会少埋怨，多奉献；因为惜福，人会少抱怨，多进取。幸福的大门为惜福懂福者开启，而惜福懂福会让幸福的感觉时时相伴。

人生在世，物质目标的追求是没有尽头的，人如果沉溺其中，就会永不满足，永远感受不到幸福。人只有珍惜自己所拥有

的一切，做到惜福懂福，才能更多地品味幸福，幸福之花才会次第开放。

每一个人都有自认为幸福的生活方式，女人的幸福归根到底是让自己拥有快乐的心情。

三毛说，她想有一间自己的书房，不需要窗，也不必太宽敞，只要容得下一桌一椅一台灯即可。桌上放一叠书，灯下是一个真实的人，可听得见自己的心跳。

这是一幅让人觉得多么幸福的画面啊。

是的，只要你心无挂碍，什么都看得开、放得下，何愁没有幸福的春莺啼鸣，何愁没有幸福的泉溪歌唱，何愁没有幸福的白云飘荡，何愁没有幸福的鲜花绽放！

很多女人总是以为拥有的东西越多，自己就会越幸福。其实，人如果总是把注意力放在自己没有的东西上，不断地追寻、索取，总有一天会发觉：自己的忧郁、困惑、无奈以及一切的不快乐，都和自己内心的欲望有关，人的欲望越强，渴望拥有的东西越多，内心就越不平衡，幸福也就找寻不到了。

获得幸福有很多种方式，惜福懂福是品味幸福、享受幸福的最高境界。

曾经有这样一位退休老教师，靠着有限的退休金，甚至是靠捡破烂的收入，以粗茶淡饭度日，却在一生中资助了许多贫困学生。老人看着贫困学生一个个迈进高等学府，用知识改变命运，憧憬着他们未来长大成才，笑容布满了他的脸庞，他的心里洋溢着无限的幸福。

当然，不是所有人都要像那个老人一样高尚无私才能幸福。幸福就是轻松地享受生活：或坐在湖边遥望轻风拂柳、碧水蓝天，放下所有的疲惫和忧郁；或静静地看孩子们调皮地追逐嬉戏，笑脸映照出内心的欢喜；或在不由自主的遐想中回到自己的童年，露出久违的笑容；或在节日走亲访友中，在温暖的祝福和鞭炮声中辞旧迎新。

幸福像一首歌，有着多彩的和弦和温馨的旋律；幸福像一道风景，有着透明的底色、浪漫的底蕴；幸福是一份心境，简单明亮、快乐纯净。女人的幸福更像一杯醇香的茶，慢慢品其滋味，余味无穷。

人生在世，风风雨雨，沟沟坎坎，苦辣酸甜都可能遇到，所以女性要放平心态，正确看待得失，这样才能收获幸福。很多女人受情绪控制，得意时张狂自大，失意时自怨自艾，这样的人无

法获得真正的幸福。只有始终保持平淡如水的心境，才真的算是幸福的主人！

有一位老和尚吃饭时，只配一道咸菜。有一次，他的一位老友来拜访他，见此情景忍不住问他："这咸菜不会太咸吗？""咸有咸的味道。"老和尚回答道。

吃完饭后，老和尚倒了一杯白开水喝，老友又问："不放茶叶吗？怎么喝这么淡的开水？"

老和尚笑着说："开水虽淡，可是淡也有淡的味道。"

是啊！咸菜的咸与白开水的淡就像我们在人生中遇到的不同情境与事件，漫漫人生路上，我们需要品尝各种滋味，体验各种心境，样样不可缺少。如果我们能以惜福懂福的心态面对生活，幸福就会来到我们身边。

在生活中，很多的幸福都是值得珍惜的，值得感恩的，如果我们不珍惜幸福，不感恩幸福，幸福就会彻底远离我们，那时我们才知道幸福是多么难得。

所以，女人要珍惜自己身边的幸福。惜福，幸福就不会离开你，懂福，就会感恩生活。反之，浪费幸福，不把幸福当回事，幸福就会远离你。

幸福来自付出

有些女人认为幸福是索取来的；有些女人认为幸福是上天赐予的；有些女人身处幸福之中却感觉不到幸福，总是满腹牢骚；还有些女人本身已经很幸福了，却整天和其他女人攀比，认为只有超过其他人才是真正的幸福。

其实，幸福来自付出，索取是得不到真正的幸福的，即使你从他人那里得到些许幸福，也是不长久的，只有付出才能带来内心的满足与幸福。

有一个少年不知怎样才能寻找到幸福，为此他终日郁郁寡欢。有一天，他来到一个山脚下，只见一片绿草丛中，一个牧童骑在牛背上，吹着悠扬的牧笛，逍遥自在。少年走上前去询问：

"你能教给我寻找幸福之法吗？"

"寻找幸福？你学我吧，骑在牛背上，笛子一吹，幸福就来了。"牧童说。

少年试了试，但并没有感觉到幸福。

于是他又继续寻找。他走啊走啊，不知不觉来到一条河边。岸上垂柳成荫，一位老翁坐在柳荫下，手持一根钓竿，正在垂钓。老翁神情怡然，自得其乐。

少年走上前去询问："请问老伯，您能帮我找到幸福吗？"老翁看了一眼忧郁的少年，慢声慢气地说："来吧，孩子，跟我一起钓鱼，保证你找到幸福。"

少年试了试，还是感受不到幸福。

于是，他又继续寻找。不久，他又遇到一位在路边石板上卖菜的老大爷。少年上前请教寻找幸福之法。

"噢，你继续向前走吧，前面有一座庙，庙里有一位高僧，他一定会教给你寻找幸福之法的。"老大爷说。

少年到了前面的庙里，果然见一位老僧独坐其中。少年深深鞠了一个躬，向老僧说明来意。老僧笑着说道："请回答我的提问。""师父请讲。""有什么东西捆住你了吗？"老僧问。

"……没有。"少年先是愕然，而后回答。"既然没有东西捆住你，就多做些事去吧，为自己为他人都行，在做事的过程中自然能找到幸福。"老僧说完，闭上了眼睛，不再说话。

少年恍然大悟："是呀，又没有东西捆住我，我怎么找不到幸福呢？那个牧童多幸福，那个老翁钓鱼多幸福，那个老大爷卖菜也很幸福，而打坐的师父也安详宁静，一副幸福的样子。他们都全身心地投入自己所做的事情中，并从中感受到幸福。"

这个故事的结局可想而知，少年不再彷徨，他静下心，选择了适合自己做的事情，发现并培养起了自己的爱好，从此，他的人生充满了乐趣，再也不为找不到幸福之法而忧虑了。

"人获得幸福的方法是什么？我想也许做到两条就够了。第一条，做自己喜欢做的事；第二条，想办法从中赚到钱。"美国著名思想家汉德·泰莱的这两条准则，被许多美国人奉为幸福生活的信条。

如今社会提倡男女平等，女人要想获得幸福，同样靠自己的努力。女人要选择幸福的目标，对幸福的追求应该不"等"不"靠"，通过自己的付出，获取真正的幸福。

有个人做过十几种不同的工作，当过老师、开过餐馆、做过

流水线工人、搞过装修、投资过房地产……最后都以失败告终。

一次，他和朋友聊起了自己的不幸遭遇。

这个人问朋友："世界上到底有没有幸福？"

朋友答道："当然有。"

这个人说："既然有幸福，为什么我努力寻找却找不到？"

朋友笑而不答，他抓起这个人的左手，先说了手上有"生命线"、"幸福线"之类的话，然后他让这个人举起左手并攥成拳头。

当这个人拳头攥紧之后，朋友问他："那些'命运线'、'幸福线'在哪里？"

他机械地答道："在我的手中啊。"

"既然命运、幸福都在你自己的手中，就去改变命运、创造幸福啊。"

"可是我做了很多种工作都失败了，也没找到幸福。"

"那也没关系，你还有手有脚，有大脑，接着努力就可以了。"

这个人恍然大悟：原来命运要靠自己改变，幸福要靠自己寻找。此后，这个信念一直支撑着他，帮助他走向了成功，改变了命运，体会到了幸福的滋味！

威廉·考伯说过："真正的幸福来自全身心地投入到自己热爱的事业和对目标的追求之中。"

女人要想幸福，必须甘于付出，勇于拼搏，这样才能找到幸福。

不抱怨才能得到幸福

　　每个人的生活中都有许多滋润心灵的美好事物，有春风、细雨、皎洁的月光、灿烂的星辉，还有希望和梦想，只要你能用欣赏的眼光来看待生活中的一切，就能体会到幸福感。不要总是想着压力和烦恼，不要总对自己的生活怨声载道！利与弊，成与败，都只是一种暂时的状态，明白了这一点，放平心态，幸福就会来到。

　　有些女人常发出这样的感叹："为什么我没有别的女人幸运？"她们的生活似乎被忧愁和烦恼包围着，抱怨与她们结下了"不解之缘"，给她们带来了无穷无尽的痛苦。其实，在生活中，女人应该有坦荡洒脱的胸怀和宠辱不惊的气度，时刻保持一颗平常心，这样才能乐观地面对一切，才能有豁达大度和从容不迫的心态，才能与幸福结缘。

在每个人的人生中，不可能总是"万事如意"、"心想事成"，甚至时常"事与愿违"。在遭遇挫折、身处逆境时，能真正做到不抱怨的女人属于少数，大多数女人爱抱怨，容易情绪化。

人在追求幸福的过程中，总会有种种意想不到的矛盾、问题出现，而唉声叹气、发牢骚、抱怨解决不了任何问题，只能让自己心情更差。

有个人刚买了一瓶好酒，拿在手里骑着自行车回家。不料迎面来了一辆汽车，他急忙躲闪，酒瓶从手中掉了下去，摔了个粉碎。

这个人没有朝破碎的瓶子看一眼，也没有找开车的司机理论，而是转头又去商店买了一瓶酒。商店老板不解地问他："这么贵的酒打了，你还险些被车撞伤，你就不生气吗？"

这个人微微一笑说："有必要生气吗？再怎么生气，酒瓶不也还是摔碎了吗？即使我追上汽车去找司机理论，又能怎么样呢？除了徒增烦恼之外，还能带来什么呢？与其那样，还不如忘掉这件事，再买一瓶酒，让自己少一些不愉快。"

这个人的想法真是包含了一种了不起的智慧。在生活中，能做到这一点的人是不多的。这个人在不抱怨的同时马上做出了另一个决定——再买一瓶酒，他以积极的态度对待人生，这何尝不是一种洒脱呢？

任何时候的抱怨都是负面的情绪，当问题已经发生时，与其生气、抱怨，不如想办法弥补损失、解决问题。

每个人都会在生活中遇到或大或小的"不幸"事件，对此，偶尔的抱怨和悲观的情绪是正常的，但如果不停抱怨，沉溺于悲观情绪不可自拔，就会影响人今后的生活和心态，抱怨、悲观将会成为一种习惯。

女人要克服爱抱怨的消极心态，一定要注意以下三个方面：

1. 要认识到生活中的不幸和困境是不可避免的，但它们不会永远存在。

有些女人把短暂的不幸或一时的困境看作永远挥之不去的"怪物"，这是在时间上把不幸、困境无限延长，从而使自己沉溺于消极的心态不能自拔。女人要认识到不幸、困境不会永远存在，而克服抱怨习惯和悲观心态才能生活得更幸福。

2．不要夸大问题和困难。

有些女人因为某方面的失败，就认定自己在其他方面也会失败。这是在空间方面把困难无限扩大，从而使自己笼罩在失败的阴影里看不到光明。女人要认识到眼下的困难只是暂时的，只有远离抱怨、积极行动，才能争取到自己的幸福。

3．克服"问题在我"的心理。

有些女人认为自己能力不足，便一味地打击自己，使自己无法振作。这种"问题在我"的心理，不是勇于承担责任的表现，而是一味地贬低自己的能力，削弱自己的斗志。所以，女人一定要克服"问题在我"的心理。

德国人爱说的一句话是："即使世界明天毁灭，我也要在今天种下我的葡萄树。"女人要想拥有幸福的生活，就要有这样的积极心态，不管境遇如何，都以一颗乐观的心去面对。

乐观的生活态度是启动幸福的开关

很多女人会为生活的不如意而抱怨叹息，这是人之常情，但抱怨叹息的次数多了，频率高了，幸福指数就要大打折扣了。因为，叹着叹着，幸福、快乐、美好就会离自己越来越远；怨着怨着，人的精气神就越没有了，心态也会变得悲观。这样的人整日郁郁寡欢，身体的健康也会受到影响，更不要说过上幸福的生活了。所以说，乐观的生活态度是启动幸福的开关。

悲观心态会把人置于消极的境地，会让人失去前进的勇气和方向。朗费罗说："不要总是叹息过去，要明智地改善现在，要以不忧不惧的积极心态投入到未来的挑战中，因为乐观的生活态度才是幸福的源泉。"是的，乐观的人不仅会使自己幸福，还会给周围的人带来快乐。

有一个心态很悲观的人，他总有一股挥之不去的忧郁心情，他对生活的态度使他原本年轻的生命已经没有了亮色，幸福、快乐与他无缘，而且他的悲观情绪还常常影响别人的心情。

比如，与人聊天时，他总是会从别人的话中联想到自己生活的不如意，于是不时叹息。不管别人说的是好事还是坏事，他都会以不断地叹息给予回应。有一次，当朋友和他说起某人婚姻美满时，他却说："唉，他的命好啊！想想我真是后悔当初啊！"听起来他好像受尽了委屈，其实他也有个很不错的爱人。还有，当大家说起某同事升迁之事，他会立马伤心起来，感叹时光荏苒，青春流逝，自己却依旧一事无成，浪费了大好时光，接着自然而然地就对未来产生迷茫，不知道自己下一步该怎么走。

总之，无论别人对他说什么，他都能联想到自己的遭遇，并悲伤起来。他总看不到自己的好，总想到一些令他难过的事情。

一开始大家还安慰他几句，时间长了，很多人因为不愿让他的悲观情绪影响了自己的心情，便不再和他来往了；而他人的疏远使他的内心更加压抑，叹息也就成了家常便饭，内心的郁结越积越深。

后来，因为悲观心态的影响，他患上了抑郁症，各种疾病也紧随而来。疾病缠身的他对生活更加绝望了，他逢人便说自己如此倒霉，生来就是受苦受难的，他惶惶不可终日，感觉倒霉的事情马上就要来临。其实，他的生活里有很多很美好的事情发生，这些事值得他去珍惜，值得他努力为之奋斗，可是他就是看不到光明，自然也没有幸福可言。

这个案例告诉我们，悲观情绪是幸福的大敌。女人的内心比较敏感，多愁伤感的情绪较多，但越是如此，越不能放任悲观情绪，要学会乐观处世。

女人要少为自己的"不如意"叹息，更不要叹息他人的"不如意"。当你心情不好或者感到悲观时，出去走走，或者做自己喜欢做的事情，这些都是医治心情不快的良药。当然，你还可以找亲人朋友倾诉，把不良情绪释放出来，这比你独自叹息悲伤要强得多。叹息、哭泣、悔恨解决不了任何问题，只会让人徒增烦恼；而以乐观的心态面对困境，不仅会使人头脑冷静，还会使人懂得反省并及时采取措施改变现状。因此，保持乐观明智的心态是人获得幸福的关键。

在人生的旅途中，有烦恼并不可怕，重要的是以积极的心态战胜它。女人只要做到把烦恼和悲观情绪及时地抛给过去，"轻装上阵"，就能轻松地走出悲观失望的"灰色地带"，洒脱地走向幸福快乐的明天。

一个人和同伴一起穿越沙漠。走到半途，水被喝完了，这个人因中暑而不能行动。同伴把一支枪递给他并再三嘱咐："我去找水，这把枪交给你，枪里有几颗子弹，我走后你每隔两小时就对空中鸣放一枪，枪声会指引我前来与你会合。"说完，同伴满怀信心找水去了。

躺在沙漠里的他却满腹怀疑，愈加悲观起来：同伴能找到水吗？他能听到枪声吗？他会不会丢下自己这个"包袱"独自离去？暮色降临的时候，枪里只剩下两颗子弹，而同伴还没有回来。他确信同伴早已离去，自己只能等待死亡。他想象沙漠里的秃鹰飞来，狠狠地啄瞎他的眼睛，啄食他的身体……终于，他崩溃了，把子弹送进了自己的太阳穴。

枪声响过不久，同伴提着满壶清水，领着一队骆驼商旅赶来，但看到的只有他温热的尸体。

这是个多么发人深省的故事啊。那位中暑者不是被沙漠的恶劣气候吞没，而是被自己的悲观心理毁灭。面对友情，他用猜疑代

替了信任；身处困境，他用绝望驱散了希望。所以，很多时候打败一个人的不是外部环境，而是自身的消极心态。

每个人的生活中都有大大小小的烦恼，但每个人对待烦恼的态度不同，烦恼对人的影响也不同。人们通常所说的"乐天派"与多愁善感的"悲观派"就有明显的区别。"乐天派"的人一般很少自寻烦恼，而且善于淡化烦恼，所以活得轻松，活得潇洒；而多愁善感的"悲观派"喜欢自寻烦恼，而且一旦有了烦恼，忧愁万千，牵肠挂肚，放不下，扔不掉，活得特别痛苦。

人最大的幸福，莫过于每天保持好心情。好心情不仅使人朝气蓬勃，对生活充满激情，而且能提高人的做事效率。而消极的情绪会使人内心压抑，丧失做事的动力。

第二章
换个角度发现幸福

幸福的大门永远敞开着

"心量"大小决定幸福指数

再小的"幸福"也是"幸福"

百般滋味，皆是幸福

平常心中藏幸福

幸福不在一朝一夕

幸福的大门永远敞开着

在生活中，幸福的大门永远向人们敞开，但不是每个人都能靠近或者走进去。那些不快乐的人，抱怨的人以及不懂感恩的人，都找不到幸福大门的方向；只有乐观的人，懂得生活真谛的人，才会找到幸福的大门，进而走进幸福的世界。

女人要想开启幸福之门，保持乐观的心态非常重要。即使在身处困境的时候，也要让自己拥有快乐心情。尽管快乐心情不一定能直接解决问题，但却能产生鼓舞自己的力量和战胜困难的勇气。

在生活中，很多所谓的难题其实没有什么大不了，人只要保持乐观的心情，生活就会充满阳光。

伊笛丝·阿雷德太太从小因为胖，特别不自信，她也为此深感苦恼。小时候，伊笛丝从来不和其他的孩子一起做室外活动，甚至不上体育课。她觉得自己太胖，难看，不讨人喜欢。虽然她尽最大的努力减肥，可是收效甚微，因此她的心情大受影响。

长大之后，伊笛丝很幸运，嫁给一个不嫌她胖的男人，别人以为她应该很幸福了，可是她的心态仍没有完全改变，她依然不自信，感受不到幸福。

她丈夫一家人都对她很好，都希望她能自信起来，希望她像他们一样充满信心地乐观生活，可是她做不到。家人们为了使伊笛丝摆脱自卑而做的每一件事情，都会令她更觉得自己是个失败者。她总是退缩到她的"壳"里去，羞于见人。

伊笛丝还常常紧张不安，她会躲开所有的家庭聚会或朋友聚会，暗自伤心。伊笛丝知道自己性格的缺陷，又怕她的丈夫、家人不理解，所以每次她和丈夫一同出现在公共场合的时候，她假装很开心，但过后往往更加悲伤。她羡慕其他女人的好身材，由于减肥始终不成功，她甚至觉得再活下去也没有什么意义。

可后来发生了一件事，彻底改变了伊笛丝的幸福观，让她受益终生。

有一天，她的婆婆和她谈怎么教育她的几个孩子，婆婆说："不管发生什么事，我总会要求他们保持本色。""保持本色！"就是这句话让伊笛丝恍然大悟。在刹那之间，伊笛丝发现自己之所以那么苦恼，就是因为自己一直不能正视自我，而是以别人的标准要求自己。

伊笛丝后来说："我在一夜之间整个改变了，我开始'保持本色'。我试着研究我自己，找自己的优点，尽我所能去学习色彩和服饰知识，尽量以适合我的方式去搭配衣服。我不再强迫自己减肥，我突然发现胖也可以成为一种美。我为了主动交朋友而参加了一个社团，他们让我参加活动，我很紧张。可是我每一次发言后，就会增加一点勇气。我不再为自己的胖而苦恼。我穿上适合自己的衣服，结果我发现自己很漂亮。现在我每天都很快乐，这是我从来没有想到的。"

生活中会有各种各样的不愉快，但烦恼也罢、失望也罢、不平衡也罢，几乎所有的"刺激源"都来自外界，所以，人遇到不开心的事时，要让强大的内心阻挡外界的"刺激物"。比如上班乘公交车，拥挤的人群会引起内心烦躁；没能赶上上班时间，迟到了，心情会变得糟糕；单位领导处事不公平，想提意见又怕被报复，总觉得自己怀才不遇。当你遇到这些事时，要告诉自己不要烦躁，这些不愉快都是暂时的，自己要想办法改变心态，让快乐常驻心间。

"二战"期间，罗勃·摩尔在一艘美国潜艇上担任瞭望员。一天清晨，潜艇在印度洋水下潜行时，他通过潜望镜看到一支由驱逐舰、运油船和水雷船组成的日本舰队正向自己的潜艇逼近。潜艇对准走在最后的日本水雷船准备发起攻击，水雷船却已掉过头来，朝潜艇直冲过来。原来是空中的一架日机探测到了潜艇的位置，并通知了水雷船。美国潜艇只好紧急下潜，以便躲开水雷船的炸弹。

3分钟后，6颗深水炸弹几乎同时在潜艇四周炸开，潜艇被逼到水下83米深处。摩尔知道，只要有1颗炸弹在潜艇周围5米的范围内爆炸，就会把潜艇炸出个大洞来。

潜艇上的士兵关掉了所有的电力和动力系统，静静地躺在床铺上。当时，摩尔害怕极了，连呼吸都觉得困难。他不断地问自己："难道这就是我的死期？"尽管潜艇里的冷气和电扇都关掉了，艇内温度在36℃以上，摩尔仍然冷汗涔涔，披上大衣牙齿照样碰得"咯咯"响。

日军水雷船连续轰炸了15个小时，摩尔觉得这15个小时比15万年还漫长。寂静中，过去生活中那些"倒霉事"和荒谬的烦恼都在眼前重现：摩尔加入海军前是税务局的小职员，那时，他总为工作又累又乏味而烦恼；他总是抱怨报酬太少，为升迁无望而烦心；晚上下班回家，他总因一些琐事与妻子争吵。这些烦恼之事，过去对摩尔来说似乎都是天大的事，而今置身这坟墓般的潜艇中，面临着死亡的威胁，摩尔却深深感受到，当初的一切烦恼都显得那么荒谬。他对自己发誓：只要明天能活着看到日月星辰，他就从此不再烦恼。

日军水雷船扔完所有炸弹终于开走了，摩尔所在的潜艇重新浮上水面。战后，摩尔退伍后重新参加工作，从此他更加热爱生命，懂得如何去幸福地生活。他说："在那可怕的15个小时内，我深深体验到对于一个人来说生命是最宝贵的，与此相比世界上任何烦恼和忧愁都是那么的微不足道。"

人要想拥有快乐的心情，最好的方法是做充实而有意义的事。一个人在无所事事的时候很容易胡思乱想，这时烦恼就会像野草一样疯长，如果不加以控制，烦恼就会把人淹没。所以人在面临厄运和世事纷争时，要让自己摆脱悲观心态，乐观起来。比如，你可以认真分析一下：自己的自我期望值是不是过高？自我希望是不是不切实际？自己所了解的信息是否全面、准确？是否与人缺少必要的沟通？等等。

人遇到问题并不可怕，只要用乐观的心态勇敢地面对和解决问题，就是生活的强者。

快乐的女人热爱生命，她们会把眼前的困难看成是暂时的，她们总是能看到前方灿烂的天空，怀抱着幸福的希望；相反，悲观的女人则认为自己一辈子也逃不掉不幸和苦难，自己的"倒霉事"一桩接一桩，所以自己永远快乐不起来。这是为什么呢？因为悲观的女人不会改变心态，不懂乐观的态度才能使人生之船驶向幸福的彼岸。

"心量"大小决定幸福指数

有句话说："雁渡寒潭，雁过而潭不留影。"这句话是说万事万物，不论是长是短是苦是乐，到头来都会消亡。这句话虽然有点悲观，但在一定意义上解释了自然界的规律。所以，即使你不喜欢一件事物，但如果不能够避免它，那就去改变它。如果不能改变它，那就放下一切"包袱"，积极地、坦然地面对吧，只有这样才能活得幸福愉快。

很多女人认为幸福指数的高低与自己拥有的金钱、地位、职业甚至丈夫的能力有重要关系，其实这种观点是错误的。幸福由己造，悲喜由心生，苦乐全凭自己的感觉，这和客观环境并不一定有直接关系。你无法断言过哪种生活才会拥有真正的幸福，也无法断言当一个人达到了某种目标之后会不会幸福、快乐。但有一点是确定的：一个人的"心量"大小决定其幸福指数。

"宠辱不惊，看庭前花开花落；去留无意，望天空云卷云舒。"这是一种平和的心态。心态仿佛用于演奏人生乐章的琴弦，无论弦是过于松弛还是过于紧张，都会影响演奏效果。人只有对琴弦进行及时适度的调整，弦音才会纯正，琴才能够演奏出和谐优美的乐章。

只要我们能够随着环境的改变和事物的发展，不断地调整自己的心态，适应这个世界的变化，就能够做到不再怨天尤人，而是以一种积极的心态处世，用慧眼发现这个世界的精彩之处，用慧心去洞悉世事的丝毫变化，充分发挥自己的才干和潜能，把每一件事做到完美。

哈佛大学曾经有一位大三的学生，一天，他突然觉得自己好像生病了，就去图书馆翻看了一本医学手册，看看该如何治自己的病。当他读完介绍癌症的内容时，他惊恐地发现书中所说的许多症状都与自己的情况吻合。他被吓住了，呆呆地坐了好几分钟。后来，他想知道自己还患有哪些病，就从头到尾读完了整本医学手册。他发现在书中介绍的所有疾病中，除了膝盖积水症

外，自己竟无一幸免！当他去图书馆看书时，他只是觉得自己有病了，而当他走出图书馆时，却被自己建造的"心理牢笼"所囚禁，完全变成了一个病入膏肓的人。

他去医院看医生，一见到医生，他就说："医生！我不给你讲我有哪些病，只给你讲我没得什么病吧。我命不久矣！我唯一没有得的病是膝盖积水症。"

医生给他做了全身检查，然后坐在桌边，在纸上写了几句话递给了他。他没有看处方，就塞进口袋，急着去拿药。到了药房，他匆忙把处方递给药剂师，药剂师看完药方，退给他说："这是药房，不是零食店，也不是餐馆！"

他很诧异地望了药剂师一眼，随后认真地看了下处方，发现原来上面写的是：煎牛排一份，啤酒一瓶，6小时一次；10公里慢跑，每天早上一次。

他全部照做了，一直健康地活到今天。幸好这位年轻人及时"治疗"，否则一定会被自己建造的"心理牢笼"所囚禁，最后非真得病不可。

人要幸福，"心量"要尽可能大，情绪要尽量稳定，不大喜大悲，对事情要想得开，得意时不过分高兴，失意时也不过度悲伤，这样才能保持心态平和。

一个人问禅师道："每个人都有一颗心，为什么有的人'心量'大有的人'心量'小呢？"

禅师未直接作答，而是对那个人说："请你把眼睛闭起来，在心中默造一座城。"那人闭目冥思，在心中构想了一座城。然后说："城造好了。"

禅师说："请你再闭眼默造一根毫毛。"那人又照样在心中造了一根毫毛，说："毫毛造好了。"

禅师说："当你造城时，是只用你一个人的心去造，还是借用别人的心共同去造呢？"那人说："只用我一个人的心去造。"

禅师说："当你造毫毛时，你是用你全部的心去造，还是只用了一部分的心去造？"那人说："用全部的心去造。"

于是禅师对那人说："你造一座城，用了一颗心；造一根毫毛，还是用了一颗心，可见你的'心量'能大能小啊！"

对于同一件事，"心量"大的人能乐观处之，总是看到事情积极的一面，因而能保持愉快的心情；"心量"小的人则心态消极，总是悲观失望，自然与幸福无缘。

俄国作家索洛古勒去看望列夫·托尔斯泰时说："您真幸

福，您拥有您所爱的一切。"托尔斯泰却说："不，我并不拥有我所爱的一切，我只是爱我所拥有的一切。"看看，二人的心态不同，说法也不同。是的，人们都渴望"有我所爱"，岂不知，"爱我所有"才是人最大的幸福。

面对一元钱，悲观的人说："完了，只剩1元钱了！"乐观的人说："太好了！还有1元钱！"面对严厉的老师，悲观的人说："碰上这样的老师，我能快乐吗？"乐观的人说："老师的严格要求督促我改正了许多缺点，我很感激他！"

生活中总有不如意的事情，人若能以乐观的心态面对，保持本我真性，就能幸幸福福过好一生。

再小的"幸福"也是"幸福"

人生的幸福没有大和小，再小的"幸福"也是"幸福"。

一个小和尚在庙里待久了，总觉得心情烦闷、忧郁，高兴不起来，就去向师父诉说了烦恼。师父听了徒弟的抱怨后说："幸福来自内心，不能向外求，否则求到的往往不是幸福而是烦恼。幸福是一种心理状态，内心淡然，则无往而不幸福。"

接着，他给徒弟讲了这样一个故事：

有个老爷爷，一年到头的口头禅是"太好了，太好了"。有时一连几天都下雨，村民们都为久雨不晴而大发牢骚，他却说："太好了，这些雨若是在一天之内全部下来，岂不泛滥成灾，把村落冲走了？上天特地把大雨分成几天下，这不是值得

庆幸的事吗？"

有一次，"太好老爷爷"的太太患了重病。村民们都去探望老奶奶，他们认为这次老爷爷不会再说"太好了"。谁知村民们一进门，老爷爷还是连说："太好了，太好了。"村民不禁大为恼火，问他："老爷爷，你未免太过分了吧？老奶奶患了重病，你还口口声声说太好了，这到底存的什么心呀？"老爷爷说："哎呀，你们有所不知。我活了这么一大把年纪，始终是老婆照顾我，这次，她得了病，我就有机会好好照顾她了。"

看，幸福无处不在吧，即便爱人生病了自己要去照顾也是幸福之事。生活就是这样，不要总疑"春色在人家"，一个人幸福不幸福，关键在于自己内心的感觉。世界上不存在"极乐天堂"，没有人能够逃脱"不幸"与不快，但只要保持积极向上的心态，就永远不会失去幸福。

人要想获得幸福，就要用乐观的心态对待生活。下面这个故事从另一个角度讲述了如何从消极的事物中看到积极的一面，对人也是很有启示的。

一天，一个水管工处理事务，结果这天他运气不好，先是因为车子爆胎，延误了一个小时，然后是电钻损坏，最后车又抛锚了。水管工收工后，好心的雇主开车把他送回家。到了家门口，水管工邀请雇主进去坐坐。在门前，满脸倒霉相的水管工没有立即进屋，他沉默了片刻，伸出双手，用力拍了拍门边的一块石头。等到门打开，水管工满脸笑容，和两个孩子热情拥抱，再给迎面而来的妻子一个响亮的吻。在家里，水管工笑逐颜开地招待这位雇主。雇主离开时，水管工送他到门外。雇主不禁好奇地问："刚才你在门口的动作，有什么深刻含义吗？"水管工爽朗地回答："那块石头是我的'烦恼石'。我在外面工作，不顺心的事总是有的。可是我不能把烦恼带进家门，家里有太太和孩子，他们是无辜的。所以我就把烦恼暂时放在石头上，让石头先帮忙看管着，明天出门我再带走。神奇的是，等到第二天我再到石头那里去时，'烦恼'往往都不见了。"

这就是换个角度看生活的人，这样的人怎么会不幸福呢？

换个角度看生活，会让人以乐观的心态面对生活中的一切；反之，人如果"钻牛角尖"，沉溺于消极情绪之中，见到的世界也会是黑暗无比，没有希望。所以，换个角度看生活，哪怕一贫如洗，身处恶劣的环境，一样可以悠然自在。也许你不能改变一件已经发生或变糟的事情，但是，你可以改变你对这件事情的看

法和它对你的影响，你可以选择你的心情。一个人，只有体验了人世百态，体验了悲欢离合，体验了得到与失去后方能明白，幸福就是让自己和周围的人都快乐。

人的幸福是衡量人生价值的最高标准，有时它比个人事业成功更有价值。有人说，幸福首先应该是精神上的享受，即使很小、很简单，也可以给人带来快乐。比如，当你放下一切心事去享受一朵花的芳香，一杯茶的甘甜；比如，当你在冬日夜晚吃一碗热气腾腾的牛肉面；比如，和久别的亲人重逢时的激动……虽然在有些人看来这些都是微不足道的小事情，但置身其中的人会体味到这样的小幸福也是"幸福"。

有位医生素以医术高明享誉医务界，事业发展蒸蒸日上。但不幸的是，他突然被诊断出患有癌症。这对他不啻于当头一棒，他一度情绪低落。可最终他不但接受了这个事实，而且他的心态也为之一变，他开始变得更宽容、更谦和、更懂得珍惜自己所拥有的一切。

在勤奋工作之余，他没有放弃与病魔搏斗。到现在，他已平安度过了好几个年头。有人惊讶于他生命力的顽强，就问是什么神奇的力量在支撑着他。这位医生笑答道："我不断地向前看，我看到了很多未尽的工作。几乎每天早晨，我都给自己一个希望，希望我能多救治一个病人，希望我的笑容能温暖每个人。"

这位医生不但医术高明，做人的境界也很高。对于他来说，救死扶伤是他的"大幸福"，活着是他的"小幸福"。就是凭着这样的精神境界和乐观的心态，他得到了上天的眷顾——他每天都内心充实而幸福地工作、生活在这个世界上，连死神也对他望而却步。

所以，目标不同、渴求的东西不同，每个人的幸福感也就不同。当你得到自己渴求的东西时，再小的幸福你也会认为是"大幸福"。幸福的标准不在外界，而在人的内心。

除夕夜，一家人围着桌子吃年夜饭。"谈谈你们的新年新愿望吧，"父亲笑着对3个孩子说，"看看谁的最有意义。"

"我的愿望是今后能考上最好的重点大学！"刚上高中的大儿子说。"我的愿望是每门课都考第一！"读初中三年级的二儿子说。"我没有愿望……"小女儿平静地说道。

大家顿时都瞪大了眼睛。小女儿接着说道："我只想存钱买一套故事书，现在我已经买了其中几本了。"

父亲高兴地笑了起来，他说道："小女儿说是没有愿望，但

存钱买一套故事书，这个愿望也非常好啊。两个哥哥都还只是想着呢，可我们的小女儿已经开始做她想做的事情了。小女儿，把你买下的故事书都拿出来给我们看看吧。"小女儿很高兴地点点头，从自己的房间里抱出来一摞故事书。

这个小故事告诉我们，幸福的目标不必太大，小目标也可以给人带来幸福。

幸福的女人在生活中时时处处都能体会到幸福，比如在和丈夫相处时会发现幸福，感受幸福；在和孩子相处时会享受幸福，回味幸福。她们不计较幸福的"大小"，因为再"小"的幸福也是"幸福"。

幸福女人的秘诀就是把幸福生活的"金钥匙"掌控在自己手里。因为她们知道，也许她们无法改变很多事情，但能改变的是她们自己对待生活的态度。人生态度积极，幸福就会到来。

百般滋味，皆是幸福

有人问，幸福有滋味吗？有，人世间的味道有多少，幸福的滋味就有多少。当然并不全是甜的，也不全是咸的、苦的，有可能是五味杂陈，也有可能是苦尽甘来。

火车上，一位愁容满面的年轻人对旁边坐着的中年人说："昨夜我接到女朋友的电话，说有急事要和我谈谈。我问她有什么事，女朋友表示见了面再说。"

中年人听后笑了："这有什么犯愁的呀？见了面不就全清楚了吗？"

年轻人说："她可从来没这么和我说过话。要么是出了什么大事，要么就是有什么变故，也许是想和我分手，电话里不便谈。"

中年人笑着说："你小小年纪，想法可不少。也许事情没那么复杂，是你想得太多。"

年轻人叹道："我昨天整个晚上都没合眼，总有一种不祥的预感。你要是遇到我这样情况，没准也不会开心。"

中年人依然在笑："你怎么知道我就没遇上'麻烦'？"说着，中年人拿出一份合同，接着说道："我是去打官司的，我们公司遇到前所未有的'大麻烦'，还不知能否胜诉。"

年轻人疑惑地问："可你好像一点也不着急。"

中年人回答："说一点不急是假，可急又有什么用呢？到了之后再说，谁也不知道情况会怎样。可能我们会赢，也可能一败涂地。"中年人说这番话时语气依然平和，年轻人不禁有点佩服起眼前这位儒雅的绅士来。

火车终于到达了目的地，分手时中年人给了年轻人一张名片，表示有时间可以联系。几天后，年轻人按照名片上的号码给中年人打了个电话："谢谢张董事长！如你所料，没有任何麻烦，我女朋友只想见见我。你的官司打得怎么样？"张董事长笑声爽朗："和你一样，没什么大麻烦。对方已撤诉，问题和平解决了。小伙子，我没说错吧，很多事情提前发愁毫无必要，出现问题再去解决就可以了。"听了这番话，年轻人由衷地佩服这位乐观豁达的董事长。

这个故事告诉我们，很多人会"自寻烦恼"，他们的烦恼和忧愁都是自己给自己绑的绳索，是对自己心力的无端耗费。

幸福的女人绝不能预支烦恼！因为一旦自己的烦恼"堆积"，人生就会"暗无天日"，不仅自己好心情全无，而且影响别人。烦恼对人没有任何好处，不仅影响心情，也会影响健康。

幸福是什么？幸福就是快乐。女人快乐一天，就幸福一天。如果女人总忧虑明天的风险，总抹不去昨天的阴影，今天的生活怎能如意？生命的最大杀手就是忧愁和焦虑。一个曾患抑郁症的中年男子在病痛中说了一段令人深思的话：

"现在我成了世界上最痛苦的人。我不知道自己能否振作起来，我现在真的很无助。对我来说，要么死去，要么好起来，别无他路。"

这名中年男子就是著名的亚伯拉罕·林肯，他也曾遭受抑郁症的折磨。但最终，他战胜了抑郁症，成为一位伟大的总统。

烦恼人人都会有，只是形式各异罢了。生活就像洋葱，一片一片地剥开，总有一片会让我们流泪。对于一件事，如果你喜欢它，就享受它；不喜欢，就避开它；避不开，就改变它；改变不了，就接受它。人不论在什么时候开始，重要的是开始之后就

不要放弃；人不论在什么时候结束，重要的是结束之后就不要悔恨。复杂的事情要简单去做，简单的事情要认真去做，认真的事情要重复去做，重复的事情要创造性地去做。

不要拿自己的错误来惩罚自己，也不要拿自己的错误去惩罚别人，更不要拿别人的错误来惩罚自己。人做到了这三条，就会更接近幸福。

荷马·克罗伊是一位作家。以前他写作的时候，常常被纽约公寓热水灯的响声吵得异常烦躁。

"后来，"荷马·克罗伊说，"有一次我和几个朋友一起出去宿营，当我听到木柴烧得很响时，我突然想到：这些声音多像热水灯的响声，为什么我会喜欢这个声音，而讨厌那个声音呢？我回到家以后，跟自己说：'火堆里木头的爆裂声是一种很好听的声音，热水灯的声音也差不多。我该专心写作，不去为这些声音而烦恼。'结果，我果然做到了：头几天我还会在意热水灯的声音，可是不久之后我就把它们全忘了。"

"世上本无事，庸人自扰之。"幸福的女人不会自己束缚自己，她们懂得怎样去生活，怎样面对问题。人只要不放弃对美好生活的追求，就不会被幸福抛弃。

平常心中藏幸福

　　幸福藏在生活的点滴细节中，比如爱人一个问候的电话，比如孩子在考试中拿到了好成绩，等等。成功学家认为，幸福绝不仅仅是人对某种需要的满足，主要是对某种需要的理解。从这个意义上说，平常心中藏着点滴幸福，这种幸福的滋味是无法用言语来表达的。

　　平常心听起来是很简单的一件事情，实际上却最难做到。很多人认为风风火火地闯世界、为功名打拼才是幸福，这些人忽略了平常心的真正含义是平淡。古人说："君子之交，其淡如水。执象而求，咫尺千里。问余何适，廓尔忘言？华枝春满，天心月圆。"这说的就是平常心的境界。君子之间用平常心交往，其友

情就像水那样纯净，不带杂质。用平常心生活，即使朴实平淡，内心感受到的纯净和幸福也是非常多的。平淡中有真味，这是真滋味；平淡中有真趣，这是真趣味。平淡中见真性情，真性情散发出的就是一种泰然自若的幸福感。

人们的眼睛可以看到的范围、手臂能触及的高度都是有限的，唯有心能到达无限高处。人虽不能增加生命的长度，却能拓展它的高度与宽度。而"非淡泊无以明志，非宁静无以致远"的人生真理，真真切切地藏在平常心之中。

明云禅师曾在终南山中修行三十年之久，他平静淡泊，兴趣高雅，不但喜欢参禅悟道，而且喜爱花草树木，尤其喜爱兰花。寺中前庭后院栽满了各种各样的兰花，这些兰花来自全国各地，全是老禅师年复一年地积聚所得。他茶余饭后、讲经说法之中，都忘不了去看一看他那心爱的兰花。大家都说，兰花就是明云禅师的命根子。

一天，明云禅师有事要下山去，临行前当然忘不了嘱托一名弟子照看他的兰花。这名弟子乐得其事，他一盆一盆认认真真地浇水，等到最后轮到那盆兰花中的珍品——君子兰时，弟子更加小心翼翼，因为这盆花可是师父的最爱啊！可他越是小心，手就越不听使唤，水壶滑下来砸在了花盆上，连花盆架也碰倒了，整盆兰花都摔在了地上。这下可把徒弟吓坏了，他愣在那里不知该怎么办才好，心想：师父回来看到这番景象，肯定会大发雷霆！他越想越害怕。

下午，明云禅师回来了，他知道了这件事后不但一点也不生气，反而平心静气地安慰弟子道："我之所以栽种兰花，为的是修身养性，同时也是为了美化寺院环境，并不是为了生气啊！世间之事都是无常的，不要执着于心爱的事物而难以割舍，那不是修禅者的秉性！"弟子听了师父的一番话，这才放下心来，他对师父更加敬佩不已。

别再说自己的生活太平淡，没有幸福可言了。其实，只有平常心才能让人品出生活中更多的幸福。幸福的女人用平和的心情静静观赏蓝天白云，闻一闻花香的味道，和亲密的家人分享生活的喜怒哀乐，迎接充满乐趣的工作，哪一件事不是以平常心感受幸福的表现？

美好的生活其实并不遥远，只要能用平常心去对待生活，就能体味到生活中点点滴滴的幸福。

在生活中，谁不希望事事顺心呢？但是，人的一生中会发生

许多事情，而且常常不是我们所能预料到的，有些事我们不能选择，那我们就用平常心淡然处之吧。人生有得意，也会有失意；有欢乐，也会有痛苦；有相聚，也会有分离。有些事情并不是我们可以控制的，但是，只要保持平常心尽力去做了、努力了，就问心无愧了。生活需要我们将心放宽、事看淡，苦中作乐，在平淡中体味幸福。

有的女人大红大紫，有的女人大起大落，有的女人经历坎坷，有的女人平淡一生。但无论什么状态的女人，以平常心处事最关键。每个女人都有自己的理想，每个女人都希望自己幸福，而拥有平常心是获得人生幸福的关键所在。

幸福不在一朝一夕

幸福不是短暂的愉悦，它是内心深处的满足，是一种稳定且持久的生活状态，所以说人追求幸福不是一种短期行为，而是一辈子的事。有心追求幸福的人无论身在何时何地，总能找到生活中的幸福。

在当今社会，有些女人追名逐利，在物质的获得中收获了巨大的"快乐"，物质生活的满足带给她们愉悦的刺激，她们以为这就是所谓的"幸福"，于是更加忙碌地追求物质的"幸福"，而忽视了内心的修养。她们的"幸福观"成了地地道道的金钱观，可这种"幸福"又能维持多久呢？

许多东西人们也许曾经拥有——年轻、美貌、财富、权

势……但随着时光的流逝、世事的变迁，它们会离人们越来越远，此时有些人就会觉得自己是不幸的。但人终归要老去，这是自然规律，失去的东西就不要再耿耿于怀，因为失去这些虚华的东西，幸福反而能在你的心中沉淀。

要做幸福的女人就要保持心地平和，这样才能留住幸福的脚步。心地平和既是得到幸福的前提和基础，也是保持幸福状态长久的唯一法则。

有这样一个广泛流传的故事。

一次，英国政治家斯蒂芬·道格拉斯在参议院开会时，一个政敌对他出言不逊，用非常恶毒的话侮辱了他。大家紧张极了，屏住呼吸看着他们。这时斯蒂芬·道格拉斯站起身来，平静地说道："这不是一个绅士口中说出的话，你不要指望绅士会做出回答。"这句话让那个政敌无话可说。

还有一个故事。

在伦敦，一个青年妇女疾步穿过街道拐角，一不小心和另一个人撞上了。那是一个要饭的小孩，衣衫褴褛，几乎被撞倒。女士赶紧停住脚步，转过身子，声音非常柔和地说："孩子，我撞到你了，真对不起。"小孩睁大了眼睛看了她一会，然后摘下帽子，向她深深鞠了一躬，脸上却洋溢着快乐的笑容。

心地平和的人无论遭遇怎样的打击，都不会丢掉勇气、乐观、希望、德行和自尊，这样，即使他失去了一切，仍然是个很幸福的人。心地平和的人温文尔雅、谦逊知礼，既让别人感到心情愉悦，也能使自己保持内心的平静。他们不轻易动怒，更不主动向别人挑衅，他们能给予别人幸福，自己同样也是幸福的。相反，一个心地不平和的人，或者一个动辄发脾气的人，又怎么可能得到幸福？

一个女人第一次随丈夫参加宴会，她兴奋得彻夜难眠，整晚都在琢磨宴会的妆扮。左思右想，她决定穿上最豪华的晚礼服，戴上最昂贵的首饰，化上最浓的妆。宴会快要开始了，丈夫催促她："不要那么复杂，仅仅是一个朋友之间的交流宴会。"女人说："放心吧，绝对不会让你丢面子。"女人妆扮好后，丈夫惊讶地说："这是你吗？我都认不出来了。"女人沾沾自喜地说："那当然，人靠衣装嘛。"

眼看时间来不及了，丈夫也没有多说什么，就带妻子出发了。宴会中，大家谈笑风生，女人也不时地在人前卖弄，她举止粗俗，高声大嚷，明显是在炫耀。

丈夫虽然是这次宴会的主角，可是让他感到尴尬的是，大家对他妻子的目光不是欣赏，而是嘲笑。有人窃窃私语："丈夫那么绅士，妻子怎么那么庸俗啊。""就是啊，你看她全身上下都是金银珠宝，说话却没有教养，还自以为很高贵呢。"本来是让人兴致勃勃的宴会，结果宴会还没进行到一半夫妇俩就灰溜溜地离开了。

一个人心地平和是由其文化水平、教养、审美情趣和人生观念共同决定的，心地平和的女人会活出精彩的自己，她们不会为一时之得失所迷惑，她们追求的是内心的宁静与祥和，因此，她们也能享受到长久的幸福。

第三章
懂"舍得"才能留住幸福

幸福常在得失之间

幸福的表现千千万万

吃亏退让也是幸福

幸福不被外物役

完美的幸福不存在

感恩才能得幸福

幸福常在得失之间

俗话说，大舍大得，小舍小得，不舍不得。舍得之间、得失之中暗藏着无限的玄机和智慧。

然而，世间万物没有无缘无故的"舍"，也没有不明不白的"得"，尽管人人都想"得"，但是在舍得之间、得失之中，如果没有参透其中的真谛而一味要"得"，那也不会有真正的幸福。任何事情都是舍与得、得与失之间的权衡，幸福也是一样。但"得"并不是幸福的代名词。

有个扬州人善于游泳。一天，河水暴涨，他和几个同伴一起到河对岸去办事，因为他们都识得水性，尽管水势很急，他们还是乘了小船，打算横渡过去。谁知天有不测风云，小船到了河中间的时候，突然漏了，水一个劲儿地涌进了船里。眼看船就要沉了，大家干脆跳下船去，准备游到对岸去。而那个扬州人虽然拼命地向前游，却游得很慢。

扬州人的同伴问他："你游泳比我们都强，今天怎么竟然落在了我们后面？"这个人十分吃力地说道："我腰上缠着500大钱，很沉，我游不动。""赶快把它解下来，丢掉算了。"同伴们都劝他。可是他摇着头，舍不得扔掉这500大钱。

渐渐地这个人越游越慢，几乎要精疲力竭了。这时，他的一些同伴已经游到了对岸，看见这人马上就要沉下去了，于是就冲他大喊："快把钱扔了！你为什么这样愚蠢，连性命都保不住了，还要这些钱有什么用！"可是这个人终究还是舍不得这些钱。不一会儿，他就沉下去淹死了。

这个扬州人不懂"有舍才有得"的道理，在该"舍"的时候不会"舍"，因而付出了生命的代价。这虽是个极端的例子，可是在现实生活中有些人追求幸福时也常犯这样的错误。

很多女人总是设计自己未来的幸福，但幸福是不可能被设计出来的。人如果放不下利害得失，越在意得失，幸福就离你越远。

人要想幸福，就要懂得得失与幸福的关系。舍不得"舍"，

就不可能有所"得"；要想有所"得"，就得付出，得奉献。舍得施舍，得到的是美名；舍得笑容，得到的是友谊；舍得宽容，得到的是大气；舍得诚实，得到的是朋友；舍得面子，得到的是实在；舍得酒色，得到的是健康；舍得虚名，得到的是逍遥……舍小，就有可能得大；舍近，就有可能得远。如果不想"舍"，不付出、不奉献而企求"得"，那就是不劳而获，而任何方式的不劳而获，最终都是没有幸福可言的。

有些女人只想要"得"而害怕"失"，只想要"得"而不愿意"舍"，殊不知，幸福是有舍有得的、是有智慧的，唯有播种与付出，才能收获和得到。

在两户人家之间的空地上长着一棵枝繁叶茂的银杏树，两家人都不知道这棵树属于谁家，这样的日子过了许多年。有一天，其中一户人家的主人去了一趟城里，才知道银杏果可以卖钱。

银杏果可以换钱的消息不胫而走，于是，另一户人家的主人上门要求两家平分那些钱。但是，他的要求被拒绝了。情急之下，他找出土地证，结果发现这棵银杏树划在他家的界线内。于是，他再次要求对方把卖银杏果的钱与他平分。对方仍然不同意，并开始寻找证据，结果从一位老人那里得知，这棵银杏树是他曾祖父当年种下的。

两家为了一棵树争执不下，谁也不肯让步，于是反目成仇。两家起诉到法院。法院也为难，建议庭外调解。案子拖了下来，两家人一看到银杏树就生气，还不时地踹上几脚，两家都不爱护树，树渐渐枯萎了，树干也空了，最终这棵银杏树被砍倒当柴烧了。

为了一棵树，两家人竟然丧失了邻里情，原本幸福快乐的日子就这样在争斗中被浪费掉了。这个故事告诉我们，有"舍"才有"得"，时时处处能够"舍"，才能时时处处有所"得"。所以，女人要想在生活中有所收获，并不是紧紧抓住手中的东西不放手就能获得，就像手中的沙，你越是紧紧地攥住它，手里的沙就越少。其实，看淡自己的所得，舍得放下所得，那么心就会更加轻松，人也会更加愉悦。

孟子曾经说过："君子莫大乎与人为善。"那些慷慨付出、不求回报的人，往往容易获得幸福；那些自私吝啬、斤斤计较的人，不仅得不到幸福，甚至有可能成为孤家寡人。

予人玫瑰，手有余香。与人为善的人，多了一份坦然，增了一份愉悦，添了一份好心情，能让自己和他人都得到幸福。

幸福的表现千千万万

幸福的表现千千万万，没有定式。幸福的女人细心找寻着属于自己的幸福，并且懂得知足常乐，她们始终把注意力放在生活中那些美好的事上，所以能收获幸福。

幸福女人给自己制订的目标一定不是太大、太多，因为太大实现不了，太多完成不了，反而成了负担和压力。她们给自己制订的幸福目标都是从小处着手，因为小目标累积起来就是大目标，幸福的小目标完成了，大目标也就实现了。但如果只着眼于幸福的大目标，而不关注小目标，就可能永远都得不到幸福。

有一位年轻的登山运动员有幸参加了一次攀登珠穆朗玛峰的活动，到了海拔7800米的高度时，他因为体力不支而停了下来，返回了营地。当他后来给别人讲起这段经历时，人们都很替他惋惜："为什么不再坚持一下呢？为什么不咬紧牙关爬到峰顶呢？"

他回答道："不，我感觉自己登不上去了，所以我放弃了，并不为此感到遗憾。在登山的过程中我已经品味到了登山的幸福。而幸福是天长地久的，可以慢慢品味，虽然我这次没有成功地登上顶峰，但我还有下一次，争取下次努力登顶。"

这位年轻的登山运动员无疑是明智的，他充分了解自己的能力，没有勉强自己，保存了体力，平安地返回营地，因为他知道再往上登或许会遭遇不测，现在的高度已经让他体会到登山的幸福了。

俗话说"心急吃不了热豆腐"，人追求幸福不能心急，实现幸福的目标要有耐心，不能操之过急，更不能轻言放弃。不要仅仅为了别人眼中的所谓"幸福"就给自己罗列一堆大目标，否则，这些目标就是挂在自己身上的"石头"，只会让自己前行的脚步越来越重。

人不可能一辈子都顺顺当当，也不可能一辈子都"倒霉"。也许十年前你吃苦，十年后你就飞黄腾达了；也许十年前你一帆

风顺，十年后你会经历些挫折。四季有周期，人生也有周期，明白了这些，你就能理解追求幸福也要历经坎坷。

而品味幸福就简单得多，比如一杯淡茶，一朵鲜花，一个电话，一份牵挂，一份平常心，一句亲切简单的问候，甚至一个关切的眼神，都是生活中无所不在的幸福，值得细细品味。

不同的人有不同的兴趣爱好，而人在做自己喜欢的事情时最容易感受到幸福。喜欢安静的女人可以慢慢品味看书、画画、听音乐、写随笔、做编织或收藏邮票等生活情趣，喜爱运动的女人则不妨从舞蹈、慢跑、旅游、游泳、摄影等活动中品味幸福。

在生活中，女人应该保持爱心，把无私的爱献给身边的朋友、亲人以及陌生人。爱和给予能够让人感到自己是一个有力量、有同情心而且被需要的人，这也会让人更加肯定自己。你帮助了别人，别人会喜欢你、感激你，你因此会赢得笑容、感激和可贵的友谊，会感到实实在在的幸福。

社会是千变万化的，幸福的表现也是多种多样的，所以不要以别人的标准看待自己的幸福。每个人都应追求自己的幸福，做自己的主人，以一颗平常心面对生活。

幸福的女人不一定有钱，但一定有金钱面前的自尊；幸福的女人不一定有权势，但一定有权势下的骨气；幸福的女人不一定有花容月貌，但一定有自信；幸福的女人不一定万事如意，但一定有从容品味点滴幸福的心……

心平气静寻找幸福、品味幸福、追求幸福，是女人一生的目标。

吃亏退让也是幸福

俗话说："吃亏是福，退让进步。"有时，人也许吃了物质上的"亏"，却收获了精神上的"福"；也许暂时退让了一小步，却最终前进了一大步。很多人吃了"小亏"，得到的却是大的收获；让了一步，交到了终生的朋友。所以，女人明白了"吃得眼前亏，享受长远福"的道理，心境就会更坦然，心情也就会更愉快。

许多女人斤斤计较，生怕自己吃亏，因为她们认为吃亏一定是不幸福的。其实这是种狭隘的思想。

春秋时期郑国有个很有名的政治家和思想家名叫子产，他曾经担任郑国的卿相，实行改革，使郑国迅速富强起来，成为春秋时期的一个非常强大的国家。

子产之所以能取得这么大的成就，在很大程度上是由于他有着甘于吃亏的胸怀。

子产在很小的时候就与一般人不同，他与小朋友们一起玩耍时经常让着别人，有时候明明是自己赢了，可他却故意认输，并且还不表现出来，让人没有什么心理负担，结果，别人都喜欢他，愿意和他一起玩。长大之后，子产做了官，位居郑国卿相，这可以说是地位仅次于君王的官衔了，但是位高权重的子产却从不以权谋私，他仍然喜欢把好处让给他人，连君王对他的赏赐，子产也经常分给别人。他的一位朋友对他的做法很不理解，于是问他："你现在位高权重，没有什么事情需要别人帮忙了，相反只有别人会求你帮忙，那么你为什么还要讨好别人呢？应该反过来才对啊！"子产沉吟了一会儿，对他说："我今天的高位是靠众人拥护才得来的，没有他们的支持，我就不可能有今天的地位，所以我得到的好处应该分给大家，这样大家都高兴，我自己也就安稳了，这不是皆大欢喜吗？"听了子产的话，朋友表示叹服。

当时，朝廷有许多不合理的政策，人民的生活也一天不如一

天，这样就导致了老百姓的怨恨。子产察觉到这个问题，就上书君王："国家应该为老百姓谋福利，如果只为一己之私就不顾百姓的死活，不停地盘剥人民、压榨人民，那么，老百姓就会视国家为敌，会奋起反抗，这样国家就不得安宁了，又如何能期望它能兴旺富强呢？所以要经常替老百姓着想，给他们一些好处，就像放水养鱼一样，表面上看没有什么作用，其实更大的好处在后边呢，国家并不会真正吃亏。"君王同意了子产的建议，并让子产负责实施改革。子产回去筹划一番，并且充分倾听民意，在此基础上制定了许多的惠民政策，使郑国日渐安定，国力也增强了许多。老百姓都在传颂着子产的仁政爱民政策。

公孙氏是郑国的大族，在郑国非常有影响力。对待他们，子产并没采取任何压制的措施，而是格外地照顾他们，并把一座城邑奖赏给他们。这样，子产的一系列改革措施就很少受到来自贵族方面的阻力了。但是，子产的下属对此事有些不满，他们对子产说："大人，您为了讨公孙氏的欢心，竟然把国家的城邑赏赐给他们，这样天下人会认为您出卖了国家的利益，您愿意背上这样的罪名吗？"子产回答说："每个人都有自己的欲望，只要满足了他的欲望，就可以役使他了。公孙氏在郑国举足轻重，如果他们怀有贰心的话，对国家的威胁就会很大。我之所以这样做，也是为了国家的前途着想，使公孙氏因此而为国家效力，这样做对国家并没有什么损害啊！"

子产为了国家的长远利益，舍弃一时的好处，甘愿吃亏，使人民过上了幸福的生活。而他的内心，一定也是幸福和满足的，因为还有什么比施展抱负、实现国泰民安更使人快乐的呢？

吃亏于人有利，于己也有好处。当你吃得眼前亏，你就不会为一时的得失而心存怨气，反而更加懂得珍惜和感恩世间的美好。

美国一家销售煤油炉和煤油的公司，为引起人们对煤油炉和煤油的消费兴趣，在报纸上大肆宣传它的好处，但收效甚微。面对积压的煤油炉和煤油，公司老板灵机一动，他吩咐下属将煤油炉免费赠送给各家各户，不取分文。这样，在很短的时间内，积压的煤油炉赠送一空。公司员工们觉得十分心疼，但老板不动声色。

不久，有一些顾客上门来，询问购买煤油的事，又过了一段时间，竟有顾客主动来买煤油炉。原来，人们在使用煤油炉后，发现其优越性较之木炭和煤十分明显，家庭主妇们在炉里原有的

煤油用完后，仍然希望继续使用煤油炉，只好来公司购买新的煤油。这家公司靠这种"先舍后得"的策略，终于打开了市场。

所以，吃亏退让是一时的，人只要不计较吃亏，最终会收获利益，甚至是大利益。

女人一定把心胸放开些，把眼光放长远些，不要斤斤计较于眼前的得失，而要考虑自己的精神是否能得到长久的愉悦感受，要记住"吃得眼前亏，享受长远福"的道理，这才是幸福的法宝。

幸福不被外物役

女人要想幸福快乐，首先要做到不被外物役使。这里所说的"外物"，主要指外界的各种诱惑，比如金钱、地位、权势等。人要做到不被外物役有很多种方式，淡泊明志，心胸宽广，过平淡的生活，不攀比，是其中很重要的几点，也是最简单、最长久的生活方式！

世间万物并不复杂，生命的意义也不仅仅是拥有物质财富，如果人懂得用心去体会生活中的美好，生命的幸福便会在生活点滴中展现。

《菜根谭》中说："浓肥辛甘非真味，真味只是淡；神奇卓异非至人，至人只是常。"许多女人有过这种体验：一穷二白时

无牵无挂，快乐自在；一旦富裕了，预期也越来越高，名望、财富等能带来的幸福感也越来越小。为什么会出现这种情况？就是因为她们已经被外物所役了。一个女人倘若过度追求物质财富，就会被不断膨胀的欲望控制，就会离幸福越来越远。当这种欲望冲昏头脑并占据整个思想之时，人最终会被这种欲望埋葬在不幸的深渊中。事实证明，物质财富的积累不能带给人们真正的幸福，因为那种"幸福"只有短期效果，只有不被外物役使的人才能得到长久的幸福。

"二战"期间，科学家爱因斯坦为躲避法西斯的迫害而移居美国。普林斯顿大学以最高年薪1.6万美元聘请他，他说："能否少一点？3000美元就够了。"有人对此大惑不解，他说："每件多余的财产，都是人生的绊脚石，唯有简单的生活，才能给我创造的原动力。"直到生病住院，他还说："平淡的生活，无论对身体还是精神，都大有裨益。"

其实，爱因斯坦一生的成就离不开这种平淡的生活态度，正是这种生活态度，才让他不被世俗的负荷所累，才使得他能够更加专心地做自己的研究。

世上万物原本是以简单的形式存在的，只是随着人们审美观念、思维方式、认识能力的不断发展，而被披上了复杂的外衣。如果人能做到淡泊明志，就能还原对这个世界简单的认识。世界变得复杂，不是因为其他原因，而是人被外物所役的结果。

在历届奥运会上，有大量著名体育运动员因为太想拿金牌，心理压力变大，导致临场发挥不佳，最后与金牌失之交臂；也有许多不知名的运动员，因为没有必须拿金牌的心理压力，轻松上阵，结果取得了不错的成绩，有的人甚至超常发挥，夺得了金牌。

"体操王子"李宁在1984年第一次参加奥运会时，由于没有夺金的压力，他超常发挥，一举夺得了自由体操、吊环和鞍马三枚金牌，跳马银牌和全能铜牌，还有男子团体银牌，因此被誉为"体操王子"。

在1988年第24届汉城奥运会上，由于这是他体育生涯的最后一场比赛，夺金与保持"体操王子"名声的压力太大，他在比赛中发挥失常，最终与奖牌无缘。

可见不被外物所役、所累，可以使人最大限度地发挥自己的水平，取得好的成绩。

狄德罗是18世纪法国著名的哲学家。有一天，他的朋友送给

他一件质地精良、做工考究、图案高雅的红色睡袍。他非常喜欢这件睡袍，于是穿着它在家里找感觉。此时他发现家具的风格有些不对，地毯的针脚也粗得吓人。于是，为了与睡袍配套，他把家里旧的东西先后更新，家具终于都跟上了睡袍的档次。可他越待在家里越觉得不舒服了，后来他经过思考，发现自己居然被一件睡袍控制了，甚至是胁迫了。狄德罗把自己的思考写成一篇文章，题目是《与旧睡袍离别的痛苦》。

生活中，很多女人都在重复着"狄德罗效应"，她们以为拥有的财富越多越好，而实际上这是把自己推进了万劫不复的危险境地，人若不对自己的欲望加以限制，总是想得到更多，那就是掉进了欲望的沟壑，远离了人生的幸福。

完美的幸福不存在

世界上有没有完美的幸福？要想回答这个问题，先来看一个小故事：

有一位伟大的雕刻家，致力于追求艺术的完美，以至于当他完成一座雕像时，令人几乎难以区分哪个是真人，哪个是雕像。

有一天，死神告诉雕刻家，他的寿命将尽。雕刻家非常伤心和害怕，就像所有人一样，他也不想死。他静心思索，最后想到一个躲避死神的方法：他做了12个和他一模一样的雕像。

死神看到后感到非常困惑，他无法相信自己的眼睛，因为在此前，从未发生过这种事！他从没听说过上帝会创造出两个完全一样的人，上帝的创造总是独一无二的。眼前的景象到底是怎么

回事？12个一模一样的人，他只能带走一个，他该带走哪一个呢？死神无法做出决定，他带着困惑去问上帝："你到底做了什么？居然会有12个一模一样的人，而我要带回来的只有一个，我该如何选择？"

上帝微笑着把死神叫到身旁，在死神耳旁轻声说了一个方法，一个能够在"赝品"之中找出真品的方法。死神问："真的有用吗？"上帝说："别担心，你试了就知道。"死神带着怀疑的心情回到雕刻家那里。他进了房间，往四周看了看，说："先生，一切都非常的完美，只有一件小事例外。你雕刻得非常好，但你忘记了一点，所以，仍然有个小小的瑕疵。"雕刻家听后立刻跳出来问："什么瑕疵？"死神笑着说："抓到你了吧，这瑕疵就是你自己。天堂都没有完美的东西，何况人间？跟我走吧。"

很多女人想追求完美的幸福生活，但她们不知道什么样的生活是完美的，这是因为完美的幸福生活没有一个可划定的标准。

其实，完美的幸福生活只是相对的，人要学会用完美的眼光欣赏并不完美的生活。这句话是否很拗口？不，这是真实的情况，因为不完美是生活的常态，所以，幸福也不存在绝对性。

上帝用金杯子、水晶杯子、木杯子装了水来招待三位客人。用金杯子喝水的人放下杯子后得意地说："我感觉自己很高贵！"用水晶杯子喝水的人惊喜地表示："水的颜色太美了！"用木杯子喝水的人喝干了最后一滴水，然后微笑着说："水很甜！"上帝也笑了：原来只有在平凡中，人才能体味生活的真正滋味啊！

不要羡慕别人的不同寻常，更不要为自己的平凡而感到遗憾。每个人的生活都是不同的，每个人都有自己的幸福。有的人因为不完美的生活更加拼搏进取，有的人因为懂得珍惜所以享受自己创造的生活，他们在生活中都体会到了幸福的滋味！

缺陷和不足是人人都有的，幸福也会打上不完美的烙印。作为独立的个体，你要相信，你有许多与众不同的甚至优于别人的地方，你要用自己特有的优势为自己争取幸福，要用自己的幸福妆点这个丰富多彩的世界。也许你在某些方面的确逊于他人，但是你同样拥有他人所无法企及的某些专长，有些事情也许只有你能做，别人做不了！所以要学会欣赏自己的不完美，并将它转化为前进的动力，这才是最重要的。

生活中不是每次努力都会有完美的结果，不是每个愿望都

能被完美地满足，如果你在尽力争取之后，仍无法达成自己的目标，那也不必失望消沉，因为在追求的过程中你已获得了快乐，懂得不完美是常态，只要调整好自己的心态，你就能体会到幸福。

人生确实有许多不完美之处，每个人都会有这样或那样的遗憾。消极的人往往把生活中的不完美放大，以至于让自己越来越远离幸福。其实，人生如果没有遗憾，人们就无法去衡量完美，换个角度想想，遗憾或缺憾不也是一种美吗？

感恩才能得幸福

每一个人的生活中都有许多值得感恩的人和事，如果能时时保持感恩之心，就能获得幸福生活。

下班的路上，恰遇电闪雷鸣大雨骤至，没带雨具的你只能狼狈地在屋檐下躲雨。这时，你的爱人或是亲朋带着雨具出现在你眼前，同是避雨的路人都向你投来羡慕的眼神，这时，你的心底怎能不升腾起一股幸福的暖流？

外出的路上出了点小意外，这时，你的家人心急火燎地赶来。这时，你怎能不感到爱和温暖？

天气凉了，一天早上醒来，忽然发现针脚齐齐整整的毛衣放在床头，想想母亲连日来挑灯夜战为你赶织毛衣，这时，你是否从眼眶里涌出幸福的泪花，感慨"慈母手中线，游子身上衣"？

生病时，亲友们的一束鲜花；失落时，亲人们的一声安慰；节日里，朋友间的一个祝福；疲乏时，回到家爱人已经准备好的饭菜……幸福其实就在充满感恩之情和深藏爱意的生活里。

女人如果以感恩之心去爱自己、爱家人、爱朋友、爱世界，帮助别人不求回报，奉献社会不需索取，这样的女人内心一定是幸福的，因为，这是一种感恩的幸福！

有一个女人辛辛苦苦地操持家务，任劳任怨，可家人丝毫没有感受到她的爱的伟大。她很伤心，也感到自己很不幸。一天晚上，她问她的先生和孩子："我在想，万一有一天我死了，你们会不会买一束花向我哀悼，说些表示想念和感谢的话？""当然会啊！你干吗问这个？"家人异口同声说。"我只是在想，其实到那时候鲜花和感谢对我已经一点意义也没有了，现在我活着的时候，鲜花、感谢的语言和拥抱对我是很重要的，你们为什么都不愿意给我呢？难道你们想让我带着伤心和遗憾度过这一生吗？"

她的先生和孩子觉悟了，他们站起来紧紧地拥抱了她："哦，多亏你提醒了我们，否则我们都是不幸的——我们会因为不懂得感恩而不幸。"

这个女人的一番话，不也正是被我们忽视的爱人、朋友、父母的心声吗？他们给予了我们那么多爱和关怀，为什么我们总是觉得理所应当而忘记感恩呢？他们也许并不需要我们为他们做什么，只想得到"鲜花、感谢的语言和拥抱"，只要这样便能感受到幸福和喜悦，但为什么我们却忽略了他们的感受呢？如果我们不能让亲朋好友得到被感激的幸福，我们也会丧失感恩的快乐。

人生最不幸的莫过于冷漠和无情，怀有感恩之心才能付出爱心，付出爱心同样也是幸福的。感恩的人会把年老者当作自己的父母去孝敬，对年龄与自己相近者，就当作兄弟姐妹去敬爱，对年龄小的人则当做自己的子女一般去爱护……

爱是自渡之舟，感恩是心灵之灯。感恩之心能让人们体会幸福的美好：当你为妈妈买了礼物送给她的时候，当你为你的爱人和朋友庆祝生日的时候……你心中是不是感到很幸福？

感恩之心能使女人用智慧和宽容解决问题，感恩是一种积极向上的思考和谦虚的态度。人只要怀有感恩之心就会发现，生活中的美好和幸福无处不在。

当女人懂得感恩时，会将感恩化作一种充满爱意的行动，实践于生活中。一颗感恩的心，就像一颗爱的种子，会结出幸福的花朵。

第四章

阳光心态造就幸福生活

幸福的过程需要慢慢欣赏

珍惜生活才能感受幸福

提高感知幸福的能力

金钱不是幸福产生的源泉

善待他人，幸福自己

幸福的别名叫宽容

幸福的家庭需要爱惜和维护

幸福的过程需要慢慢欣赏

欣赏幸福生活的过程就是体验生活的过程。幸福的生活与其说是一种结果，倒不如说是一个欣赏的过程。有了欣赏的眼光，就能时时处处发现生活中的幸福。

美国的社会学家提出了一个幸福的公式：幸福感=幸福系数×渴求度×被满足度。

幸福系数、渴求度、被满足度都因人而异，取决于人们对生活的经验，对物质、精神的需求。

在一个美丽的海滩上有一个老者，他每天坐在固定的一块礁石上垂钓。无论运气怎样，钓多钓少，两小时的时间一到，他便收起渔具，扬长而去。

老者的古怪行动引起了一位小伙子的好奇。有一天，这位小伙子忍不住问老者："当你运气好的时候，为什么不一鼓作气钓上一天？这样一来，就可以满载而归了！"

"钓那么多的鱼干什么？"老者平静地反问。

"可以卖钱呀！"小伙子觉得老者傻得可爱。

"得了钱用来干什么？"老者仍平静地问。

"你可以买一张网来捕更多的鱼，卖更多的钱。"

"卖更多的钱又干什么？"老者还是那副无所谓的神态。

小伙子认为有必要给老者制订一个规划："你可以组织一支船队，开一家远洋公司，赚更多更多的钱。"

老者笑了："我每天钓上两小时的鱼，其余的时候嘛，我可以看看朝霞，欣赏落日，种种花草蔬菜，会会亲戚朋友。我的生活已经很幸福了，更多的钱于我有何用？"说话间，老者打点装备走了。

这位老者的幸福系数、渴求度、被满足度都可以说很高，他很清楚对于自己而言什么才是最珍贵的，他很欣赏、很珍惜自己的生活，所以他的幸福永远掌握在自己手中。

有些人生活上并不富裕，但天天高高兴兴；有些人住着高楼

别墅，想买什么就买什么，但仍天天苦恼。人如果患得患失，就没有心情享受生活，就无法高高兴兴欣赏生活，欢声笑语就会从生活中消失，人也就没有幸福可言了。

有这样一对夫妻，他们每天卖豆腐，起早贪黑，努力经营着小本生意。虽然挣不到大钱，但生活稳定，一家人尚能温饱，所以他们很是知足，家中充满欢声笑语。

他们隔壁住着一位富翁，听着每日茅屋里传出的笑声，又疑惑，又不是滋味。有一天晚上，在卖豆腐的夫妻睡下之后，富翁悄悄地将一块大金子扔进了隔壁院里。第二天早上，夫妻俩发现了院里的金子，兴奋异常，但在如何处置金子的问题上两人发生了争执。拿去改造房屋吧，钱太少；放在家中，又怕被人偷去。夫妻俩商量来商量去，始终拿不出最佳方案。于是，他们守着金子发愁，豆腐也无心去做，从此屋里没了笑声。

欣赏生活的心态是人奋斗的动力，是获得幸福的源泉。女人如果想让自己的生活充满笑声，那就从容欣赏发生在生活中的每一个瞬间，把握幸福到来的每一个时机吧。

近几年来，"幸福感"、"幸福指数"成为热门词汇，若在网上搜索"幸福指数"、"幸福测试"、"幸福指数调查问卷"、"幸福城市"等有关幸福的词，结果可谓眼花缭乱。但女人如何评估自己拥有的幸福呢？女人应具备哪些能力与潜能才能让自己更幸福呢？

有这样一个故事：

两个行走在沙漠里的人，已行进多日，在他们口渴难忍的时候，迎面碰见了一个赶骆驼的老人，老人在沙漠里已走了很长一段时间，自备的水所剩不多。

尽管如此，善良的老人还是从自己的救命水中匀了两个半杯给他们。两个人面对同样的半杯水，一个抱怨水太少，不足以解除饥渴，便赌气似的把半杯水泼掉了。另一个也知道这半杯水不能完全消饥解渴，但他懂得这半杯水的珍贵，知晓这半杯水的情谊，他拥有一份发自内心的感恩，并且怀着这份感恩的心情，有滋有味地喝下了这半杯水。

结果可想而知：前者因为拒绝那半杯水而死在了沙漠之中，后者因为喝了那半杯水，终于走出了死亡的沙漠。

上述故事中的半杯救命之水就好比人的幸福，如果人已经得到了一点，就不要抱怨没有得到更多，否则，就会像沙漠中那个贪心的人一样结局可悲。

女人千万别以为幸福遥不可及，其实我们身边的人和事一样可以使我们幸福快乐，我们还可以把不幸福变成"幸福"，只要我们用心地经营生活，欣赏生活。

珍惜生活才能感受幸福

幸福是一种追求，也是一种生活状态，所以，要想获得并长久地拥有幸福，就要用心经营。智慧的人珍惜高远的追求，愿意像古人那样："暮春者，春服既成，冠者五六人，童子六七人，浴乎沂，风乎舞雩，咏而归。"得到心灵安定的幸福。这种幸福是一种经营出来的幸福，也是出世超俗的幸福，能让人感受到幸福的甘甜。

再明亮的眼睛，注视一件事物久了也会疲劳；再美满的幸福，如果不用心体会也不会觉得它的美好；再完美的生活，如果不用心珍惜也会索然无味，空留下无数的遗憾。

不会珍惜生活的女人，会错过很多的美好的事物，感受不到

点点滴滴的幸福的味道；而会珍惜生活的女人，即便遭遇坎坷，也会用乐观的心态面对它，最终将一切化为幸福。所以，珍惜自己所有的一切的人才是懂得幸福真谛的人，因为生命是一种馈赠，不管是好是坏，都是你对生活的体验，你会从中品尝到酸甜苦辣的万般滋味。

有些女人孜孜以求在追求幸福，到头来却迷失在寻找幸福、追求幸福的"泥沼"之中苦苦走不到彼岸。其实，她们不是没有得到幸福，而是没有珍惜自己已拥有的幸福。幸福就在她们身边，她们却看不见，反而舍近求远去寻找幸福。

家庭的幸福之道是珍惜每一份亲情，婚姻的幸福之道是珍惜每一份温暖的情意，爱情的幸福之道是珍惜平淡而相濡以沫的日子，生活的幸福之道是珍惜细水长流般的平平淡淡的每一天……女人只有拥有这样的心态，才能追求到自己的幸福生活。

曾经有个落魄的青年请求别人帮他介绍一份工作。"你会说外语吗？"他摇摇头。"懂法律吗？"他又摇头。"会计算机吗？"对方一直提问，青年一再摇头，而且越来越受打击，他忽然觉得自己是多么不幸啊：干什么都不行，肯定找不到工作。

介绍人也很失望，但还是答应先帮他找找看。然而，就在青年给他写下姓名、地址和联系方式后转身要走时，他却眼前一亮，急忙把青年拉住高兴地说："年轻人，你的字写得这么漂亮，这就是你的优点啊！你怎么不懂得珍惜并利用它呢？"从那人肯定的眼神里，青年似乎看到了希望，他重新树立起自信。

没多久，青年果然找到了一份文书的工作，他不断努力，尤其是在自己的书写优势上不断下功夫。最终他成立了自己的设计公司，专门为客户量身打造企业标识和产品包装形象。他的公司虽然不大，可看着自己设计的字体和文案让客户满意，他充满了成就感和幸福感。

生活中有无穷无尽的幸福等待人们去发现，但许多人因为没能发现自己的闪光点而浪费了很多抓住幸福的机会，甚至觉得自己永远得不到幸福。其实真正的幸福不是来源于外界，而是来源于人们发现幸福、抓住幸福的能力。

柯蓝尔是一位著名的话剧演员，她在世界戏剧舞台上活跃了50年之久。但当她71岁时，却突然发现自己破产了。更糟糕的是，她在乘船横渡大西洋时，不小心摔了一跤，腿部伤势很严重，而且引发了静脉炎。

给她治病的医生认为，必须把腿截去才能使她转危为安。可

是，医生迟迟不敢把这个可怕的决定告诉柯蓝尔，怕她受不了这个打击。然而事实证明，医生想错了。当医生最后不得不把这个消息说出来时，柯蓝尔注视着医生，平静地说："既然没有更好的办法，就这么办吧。"

手术那天，柯蓝尔高声朗诵着戏里的一段台词，毫无悲伤的神色。有人问她是否在安慰自己，她的回答是："不。我是在安慰医生和护士，他们太辛苦了。"后来，柯蓝尔继续顽强地在世界各地演出，又在舞台上工作了七年！

我们在感叹、钦佩柯蓝尔的顽强、坚定的同时，不禁被她那广阔的胸怀和度量所折服。那些能够承受住生活带来的打击而永葆乐观坚强的人，幸福一定常伴他们左右。

提高感知幸福的能力

女人一定要学会提高自己感知幸福的能力，否则，即使幸福就在身边，自己也有可能感受不到。

有些女人觉得自己苦苦追求幸福，却总是不见它的踪影。其实幸福常常带着"面具"，它比想象中简单得多，就在生活的点点滴滴之中。所以与其盲目追求遥远而看不清的幸福，不如享受眼前的点点滴滴、实实在在的幸福。

有一个人在河边钓鱼，他钓了非常多的鱼，但他每钓上一条鱼就拿尺子量一量，只要钓到比尺子大的鱼，他就丢回河里。

其他钓客不解地问："别人都希望钓大鱼，为什么你将大鱼都丢回河里呢？"这人轻松地回答："因为我家的锅只有这把尺

子这么长，太大的鱼装不下。"

这个人是个智者，他知道与其盲目追求遥远的幸福，不如脚踏实地地追求眼前的幸福，因为这样的幸福才更加实在。

不盲目追求看不到的幸福，意味着不让无穷的"欲念"攫取己的心，即只取自己够用的，用自己所需的，不贪求，更不盲目追求不属于自己的幸福，不羡慕嫉妒别人的幸福，这是幸福生活最重要的秘诀。

有一个传说：在一片森林里隐藏着一只能为人带来幸福的青鸟，许多人倾其所有去寻找它，但那密林里的青鸟总是时隐时现。

一天，一个筋疲力尽的男人终于在一条溪边捕获了它，然后心满意足地进入了梦乡，不想醒来后那只鸟居然变换了颜色，成了一只普通的鸟，那人于是弃鸟而去。

青鸟在那人走后，又变回原来的样子，它自言自语说："经不起考验的人是不配享受幸福生活的。"

是的，幸福是会"变颜色"的，幸福也是会和你"捉迷藏"的，你以为青鸟永远是那么的绚丽斑斓，其实它也有朴实无华的时候，而真正的幸福正藏在表面的朴实无华之下，只有有心的人才能体会。所以，提高感知幸福的能力太重要了。

幸福是一只会变色的鸟，它会时时刻刻在生活中盘旋，随时准备降临在每一个人的身边。如果你提高了感知幸福的能力，你就会对世界充满爱意，对人生充满感恩，这样，你就会发现幸福这只会变色的鸟顺从地待在你的身边，不愿离去。

现实中有些女人盲目追求并不属于自己的幸福，还有些女人拿别人的幸福与自己比较，这些人都无法真正得到幸福。

女人要提高感知幸福的能力，还要经得起幸福对自己的考验。

金钱不是幸福产生的源泉

人的幸福，不是以金钱多少作为标准的，所以，金钱并不是幸福产生的源泉。相反，一个人即使拥有再多的金钱，如果不懂幸福的真谛，不去经营幸福，幸福终究如过眼烟云，转瞬即逝。人只有正确对待金钱，合理控制自己的欲望，勤于奉献，珍惜生活，才能享受真正的幸福人生。

幸福，应该是心灵深处微妙的感受，对世界充满爱的人，会享受到真正长久的幸福。

有些女人说幸福是一种感觉、一种满足，有些女人说幸福是一种享受、一种信念，还有些女人说幸福是一种态度、一种思维……总之，幸福不取决于外物，而取决于人的内心。

在许多人眼里，富豪是幸福的，他们的生活是随心所欲的，他们可以用金钱换来自己想要的任何东西。但是，富豪的生活其实并不如人们想象的那样幸福无忧。

一位香港记者曾经采访过亿万富翁李嘉诚，记者在整个采访过程中用了十分尊敬的词语，告辞的时候，还表示了对李嘉诚的崇拜。

但李嘉诚却说："先生，我同样崇拜你。"记者愕然。

李嘉诚解释说："我愿意拿一半的资产和你换青春，你愿意吗？"李嘉诚拥有无尽的财富，却无法换回自己的青春年华。

比尔·盖茨说他最快乐的事情不是每天看着自己银行卡里有用不完的钱，而是能够回到家里和妻子、孩子一起看看电视、喝喝咖啡或者做做游戏，这绝不是一种矫情之言。

英国最近进行了一项关于富豪对生活状况的调查，他们把年收入在6万英镑以上的英国人作为调查对象，结果发现有30%左右的人认为自己追求财富的代价是牺牲了家庭与亲情，而10%的人认为他们取得经济上的成功是以自己的健康为代价的。这些富豪都表示，如果人生可以重来，他们愿意用财富换回青春和健康。

拥有青春、健康、亲情才是幸福的，这是真理，幸福是无法

用金钱来换取的，金钱不是幸福的源泉。

一个因为穷困潦倒而悲观失望的人问智者，如何才能让自己快乐起来。智者说："如果我用100万买你一只手，你愿意吗？"他说不愿意。

智者又问："如果我用100万买你一只脚，你愿意吗？"他还说不愿意。

智者最后说："那你现在已经拥有了200万，还有什么不开心的呢？"

这个故事告诉我们，对于人来说，生命、健康才是幸福快乐的基石。

一个钱庄老板和一个卖烧饼的小贩同时被一场洪水困在了一个野外的山冈上。两天后，钱庄老板身上带的吃的东西都没了，只剩下了一口袋钱币，而烧饼贩子还有一口袋烧饼。钱庄老板提出一个建议，要用一个钱币买一个烧饼，烧饼贩子不同意，但他却提出要用一口袋烧饼换一口袋钱币。钱庄老板同意了。过了很多天，洪水还是没有退下去，钱庄老板吃着从烧饼贩子手里买来的烧饼，而烧饼贩子则饿得饥肠辘辘。最后烧饼贩子实在忍不住了，他就提出来要用这口袋钱币买回他曾经卖出的而如今已为数不多的烧饼，钱庄老板没有完全答应他的条件，只答应他用几个钱币换一个烧饼。洪水退去后，烧饼全部吃光了，而一袋钱币又回到了钱庄老板的手中。

钱庄老板很聪明，他清楚金钱不是幸福的源泉，在困境中能生存下去就是最大的幸福。

有一位孤独的老人无亲无故，又疾病缠身。他决定搬到养老院去，并宣布出售他的豪宅。购买者蜂拥而至，住宅的初始价是18万美元，但很快就被炒到30万美元，而且价格还在不断上涨。但在公开拍卖这天，老人却满怀忧愁：要不是身染疾病，他绝不会将这栋陪他度过大半生的住宅卖掉。

一个衣着简陋的青年来到老人面前轻声说："先生，我很想买它，但我只有1万美元。""它的底价就是18万美元。"老人说。青年没有沮丧，他诚恳地说："如果您把住宅卖给我，我保证会让您依旧生活在这里，和我一起喝茶、读报、散步，请相信我，我会真诚地照顾您今后的生活！"

老人站起来，摆手示意沸沸扬扬的人群安静下来。"朋友们，这栋住宅的新主人已经产生了，就是这个年轻的小伙子。"

这是个不可思议但却是真实发生的故事，年轻人的梦想之所

以成真，是因为他和老人都明白金钱并不等于幸福，他们更看重的是世间的真情。老人在生命的最后时刻终于想开了：金钱不是幸福的源泉，他无私地把自己的财富送给小伙子的同时，也获得了心灵的慰藉和幸福的生活。

下面这个故事中的主人公就因为不明白金钱与幸福的关系，而陷入了可悲的结局。

在一间很破的屋子里有一个人，他穷得连床也没有，只好躺在一条长凳上。

这人自言自语地说："我真想发财呀，如果我发了财，决不做吝啬鬼……"正说着，他身旁出现了一个魔鬼。魔鬼说道："好吧，我可以让你发财，我会给你一个有魔力的钱袋。"

魔鬼接着说："这钱袋里永远有一块金币，但是你要注意，在你认为钱够了的时候，就要把钱袋扔掉，然后才可以开始花钱。"说完，魔鬼就不见了。

这时，在这人的身边真的出现了一个钱袋，里面装着一块金币。那人把那块金币拿出来，里面又有了一块。于是这人不断地往外拿金币，拿了整整一个晚上，金币已有一大堆了。他想：这些钱已经够我用一辈子了。到了第二天，他很饿，很想去买面包吃。但是在他花钱之前，必须扔掉那个钱袋，于是他便拎着钱袋向河边走去，可是他舍不得扔，又带着钱袋回来了。他又开始从钱袋里往外拿钱。

每次当他想把钱袋扔掉时，总觉得自己拥有的钱还不够多。日子一天天过去了，他原本可以去买吃的、买房子、买最豪华的车子，可是他对自己说："还是等钱再多一些再扔掉钱袋吧。"他不吃不喝地拿钱，身体变得特别虚弱，金币也已经快堆满屋子了，可他还在不停地往外拿金币，他虚弱地说："我不能把钱袋扔掉，金币还在源源不断地出来啊！"最后，他终于死在了长凳上。

对于贪婪的人来说，追求财富永远没有停止的时候、满足的时候。实际上，金钱如果不为人所用，就没有意义。钻进"钱眼"里的人会一叶障目，不见泰山，看不到真正的幸福。因此，莫让金钱遮住自己的眼。

走出"钱眼"天地宽。人世间的友谊、爱情、亲情、生命、健康，都远比金钱珍贵得多。

善待他人，幸福自己

善待他人才能让人体会到人生的幸福。幸福的女人懂得如何善待他人，正所谓"赠人玫瑰，手有余香"。鲜花送给别人时，首先闻到花香的是我们自己；而抓起泥巴想抛向别人时，弄脏手的也是我们自己。所以，善待他人就是要心存好意，身行好事，温暖他人，快乐自己。

有一个耐人寻味的小故事，说明了不懂善待他人的后果，值得我们好好思考：

有两位武士走进森林里，看到一棵树下有一块盾牌。第一位武士看到盾牌是金色的，而第二位武士却看到盾牌是银色的。

"这是金盾牌！""这是银盾牌！"两人各执一词，为此争吵不休，最终拔出剑来准备一决胜负。他们杀得天昏地暗，整整厮杀了几天都分不出胜负，当两人累得坐在地上喘息时才发现，盾牌的正面是金色的、反面是银色的，原来这是个双面盾牌。

可见，他们不懂得善待对方，为了无谓的是非曲直浪费了精力，以这样的态度生活，又岂能品尝到幸福的味道？

女人如果不懂得如何善待他人，就算生活条件再好，也感受不到幸福的存在。因为人如果不懂得如何善待他人，就会总盯着他人缺点，同时自己也会被烦恼所困扰，感受不到别人对自己的热情和善意。其实，人学会了善待他人，就学会了换一种角度看待问题，自然不会和他人产生纷争，没有了烦恼和怒气，幸福也就会不期而至。与人为善会让人收获真挚的情谊，会让人觉得温暖如春，这也是善待他人的意义。

幸福的女人知道如何善待他人，在别人承受痛苦或遭遇不幸时绝不冷眼旁观，而是尽自己的力量给予他人同情和帮助。她们懂得只有自己真诚地对待别人，别人才会真诚地对待自己；而那种虚情假意，爱捉弄人，甚至总想着看别人笑话的人，是注定不会有幸福生活的。

以前有一位非常富有的商人，在他年事已高时，他决定把家

产分给3个儿子。但在分财产之前，他要3个儿子去游历天下。临行前，富商告诉孩子们："你们一年后回家来，告诉我你们在这一年内所做过的最高尚的事。我不想分割财产，因为财产集中起来才能让下一代更富有。所以我给你们一年时间，能做到最高尚事情的那个孩子，才能得到我的所有财产！"

一年过去了，3个儿子回到父亲身边，报告这一年来的收获。

老大说："我在游历期间曾遇到一个陌生人，他十分信任我，将一袋金币交给我保管。后来他不幸过世，我将金币原封不动地交还给他的家人。"

父亲说："你做得很好，但诚实是人应有的品德，称不上是高尚的事情！"

老二接着说："我旅行到一个贫穷的村落，见到一个衣衫破旧的小乞丐不幸掉进河里，我立即跳下马，奋不顾身地跳进河里救起那个小乞丐。"

父亲说："你做得很对，但救人是人应尽的责任，也称不上是高尚的事情！"

老三迟疑地说："我有一个仇人，他千方百计地陷害我，有好几次，我差点死在他的手中。但在我的旅行途中，有一个夜晚，我独自骑马走在悬崖边，发现我的仇人正睡在崖边的一棵树旁，我只要轻轻一脚，就能把他踢下悬崖。但我没有这么做，我叫醒他，让他继续赶路。这实在不算做了什么大事……"

"孩子，能帮助自己的仇人，是高尚而且神圣的事，所以，我要把所有的财产都给你。"父亲拉着小儿子的手，激动地说。

以德报怨是善待他人的最高境界，因为善良是一种无私的境界，以德报怨需要一种宽广的胸怀。善待他人的人不只是让别人温暖，也能让自己幸福。

幸福的别名叫宽容

"幸福的别名叫宽容",为什么这样说呢?因为一个人的胸怀能容得下多少事,就能获得多少幸福。

很多女人认为,如果你让我难过,我也不能让你好受;我不能宽容伤害过我的人,这样他也就没有好日子过。实际上冤冤相报是彼此的不幸,不仅惹来怨气,而且于己不利,可能危及自己的健康,因小失大。

真正幸福的女人会以宽容的胸怀原谅他人,忘却伤害,留下温情,感化别人也温暖自己。这样的女人是明智的,更是快乐的。她们用宽容的胸怀为自己的心灵撑起了一把"保护伞",让自己免受伤害,拥有幸福。

宽容能让人谦虚谨慎，有礼有节，没有傲慢的气势，也没有嚣张的气焰。心宽天地就宽，女人以宽容的态度去谅解他人，即使有了矛盾也能缓和、解决。而为了一点小事相互争吵，斤斤计较，结果伤害了感情，这样的人终生都会生活在怨气中，与幸福无缘。

宽容是一种美德。宽容别人，其实也是给自己的心灵"减负"。只有在宽容的世界里，才能奏出和谐的幸福之歌！女人要想幸福，首先就要宽容别人。

幸福的别名叫宽容，女人只有远离狭隘偏见，以宽容的美德善待他人，才能体会到生命的美好和生活的幸福。宽容的女人知道"识人不必探尽，探尽则多怨；知人不必言尽，言尽则无友；责人不必苛尽，苛尽则众远；敬人不必卑尽，卑尽则少骨；让人不必退尽，退尽则路艰"。幸福的女人有境界，能看远；幸福的女人有度量，能看宽；幸福的女人有涵养，能自持；幸福的女人有锋芒，能内敛。宽容的女人在与人为善、善待他人的同时，留给自己的是幸福的甜蜜。

宽容别人不但自己轻松自在，别人也舒服自然。宽容是一种修身之道，是一种充满智慧的处世哲学。宽容别人其实就是幸

福自己，多一点对别人的宽容，自己的生活就会多一点快乐的空间，幸福之路就会越走越宽。

学会爱别人，其实就是爱自己，爱的一种重要体现形式就是宽容。常怀宽容之心，就会有海纳百川的广阔胸怀。宽容的爱心如同阳光一样温暖着每个人的心房。宽容可以化敌为友，宽容是永葆快乐健康的法宝。

有人向一位智者请教："受人伤害了该怎么办？"

"原谅伤害你的人。"智者说。

"这样，未免太便宜他了！"

智者反问："你真的相信，自己气得越久，对他的折磨就越厉害？"

"至少我不会让他好过。"

"假如你抛给对方一袋垃圾，虽然垃圾给他了，但是你一样闻到了垃圾的臭味。"智者说，"紧握着仇恨不放，就像是自己扛着臭垃圾，这不是很可笑吗？以怨报怨，怨永远存在；以恨对恨，恨永远存在。而以宽容对怨，怨自然消失；以宽容对恨，恨自然消失。因此，一个人如果总想报复别人，最终受到伤害的必然是自己，既然如此，何不更豁达一些、宽容一些呢？这样大家都是幸福的。"

　　宽容是一首动听的歌，它能给人带来好心情。女人以宽容之心去包容怨恨，不幸便会远离自己；女人以宽容之心原谅别人的错误，自己将会获得更多的快乐。

幸福的家庭需要爱惜和维护

家庭是人的港湾，但许多人整日为事业和生活奔忙，却忽略了父母盼我们回家的殷切眼神和父母对我们的深深牵挂，直到父母离去之后才体会到他们对我们的爱是世界上最难得的幸福。因此，幸福的女人对自己的家庭不仅要爱惜，而且要好好维护。

感恩父母不仅仅是给他们物质上的回报，因为他们从不奢求儿女在物质上给他们带来什么，他们缺乏的是精神上的安慰。儿女感恩父母是要在精神上温暖他们，并给他们幸福的满足感。这种满足感可能是父母劳累后递上的一杯暖茶，可能是在他们生日时送上的一份礼物，也可能是在他们失落时的嘘寒问暖……

感恩父母就是多一点时间陪伴父母，发自内心地体会他们的内心世界，分担他们的忧愁。父母为儿女倾注了心血、精力，而儿女又是否能察觉到那缕缕银丝正在生长，那丝丝皱纹正在伴随着他们的衰老？父母的恩情需要儿女用心去体会、去报答。

西汉时期的汉文帝刘恒，是汉高祖刘邦的第3个儿子，他从小便奉行孝道，被封为代王时，他的生母薄太后跟随他住在一起。薄太后身体虚弱，常患病，连续三年卧病在床。刘恒与母亲感情深厚，尽心地侍奉她，尽力让她感到快乐和满足。

三年里，汉文帝每日勤理朝政，下朝后便衣不解带地守候在薄太后病床前。给太后煎好的汤药，他总要亲自尝过才放心地让母亲服用，唯恐药饵失调。在母亲生病的日子里，汉文帝通宵达旦地陪伴在母亲身边，整日整夜地不合眼。三年后，母亲的身体终于康复，他却由于操劳过度累倒了。

汉文帝的仁义和孝顺感动了天下人，加上他治国有方，国家一派兴旺景象，他与后来的汉景帝开创了"文景之治"的繁荣时代。

汉文帝贵为一国之君，能如此尽心服侍母亲，实在让人崇敬，也难怪他能得天下人之心。他之所以能取得卓著的政绩，开创出汉朝的盛世，正是他笃行孝道的必然结果。

无独有偶，曾参"啮指痛心"的故事也世代相传，被奉为"孝道"的代表。

古时有个名叫曾参的人侍奉父母极尽孝道。父亲去世后，他更加细心周到地服侍年迈的母亲。有一天，曾参正在山里打柴，家里突然来了一个客人，母亲无力招待，一时手足无措，巴望着曾参快点回家，又总不见他的身影。她焦急万分，情急之下狠狠地咬了一下自己的手指。常言道：十指连心。正在奋力砍柴的曾参忽然心痛难忍，想念起家里的母亲，背起柴薪飞奔回家。

曾参一进家门，只见母亲呆坐着望着门外，他忙跪问有什么事情。母亲告诉他："刚才家里来了客人，我没办法招待，实在急了，只好咬自己的手指，希望你早点回来。你快去招待客人吧。"

后来，曾参跟随孔子游学到楚国，一天又忽地心痛起来，于是急忙辞别老师回家，到家后问母亲有什么事情。母亲说："我思念你心切，又不知你什么时候回来，又愁又急，无可奈何之中又咬了手指，不料你果然回来了，这样我的心也就宽慰了。"曾参羞愧难当，自此终日侍奉在母亲身边，不再外出远游。

在这个世界上，最珍贵的爱是父母给予孩子的爱，最幸福的感情是家庭的温暖亲情。父母给予孩子的爱是一份深入血脉不求回报的疼爱，自从孩子来到世上，就受到父母无微不至的呵护。父母的这份爱不因孩子年龄的增长而削弱，父母的爱始终如一。因此，生活在这样充满爱意的幸福的家庭中是比蜜还甜的事情。

"滴水之恩，当涌泉相报。"父母为儿女付出的不仅仅是"滴水"，而是一片"汪洋大海"。他们无私地把他们的青春、爱心全部奉献给了儿女，希望儿女进步、成才、幸福。可是有些儿女却常常是身在福中不知福，无视家庭中这最温暖的幸福，直到失去之后才追悔莫及。

亲情是一种心灵的契合，情至深处，心灵相通。这其中的幸福，又岂是金钱、事业能比的？儿女感恩父母，哪怕是做一件微不足道的事，只要能让他们感到欣慰就够了。

父母是儿女的第一任老师，从儿女呱呱坠地的那一刻起，生命中就倾注了父母无尽的爱，或许父母不能给儿女奢华的生活，但是，他们给予了儿女生命，竭尽全力为儿女撑起了一片爱的天空。当儿女受伤、哭泣、忧郁、难过时，可以随时回到温暖的家里享受父母的爱；父母省吃俭用让儿女接受好的教育，是为了让儿女日后在社会上有自食其力的能力，而父母并不要求儿女回报

他们的爱。

每个人都是伴着父母亲情来到这个世上，带着父母的爱开始自己人生的旅程，而旅程中不管遇到多大的困难，首先向儿女伸出援助双手的总是父母，也只有父母会奋不顾身为儿女着想。

小王在埋头工作一个冬季之后终于获得了两个星期的休假。他早就想到一个风景秀丽的观光胜地去旅行一番，随心所欲地做些自己喜欢的事情。

临行前一天下班回家后，他十分兴奋，整理行装，把大小箱子放进轿车的后备厢里。

第二天早上出发前，他打了个电话给他母亲，告诉她自己去度假的计划。母亲说："你会不会顺路经过我这里？我想看看你，和你聊聊天，我们很久没有团聚了。"

小王说："妈，我也想去看你，可是时间有点赶，我和同伴约好了见面时间。"母亲说："那就算了，你好好去玩吧，不用惦记我。"

当小王的车正要上高速公路时，他忽然记起来，今天是母亲的生日，于是他绕回一段路，停在一个花店门前，打算买些鲜花，叫花店给母亲送去，他知道母亲喜欢花。店里有个小男孩也正想买一束花，可是他满面愁容，因为他的钱不够。小王好奇地问小男孩："你买这些花是做什么用？"

小男孩说："我想把花送给我妈妈，她住院好久了，身体越来越差，我知道她喜欢花，想让她开心些。"小王拿出10元钱为小男孩凑足了花钱，小男孩高兴地说："谢谢你，叔叔，我妈妈会很感激你的。"小男孩满脸微笑地抱着花转身走了。

小王选好了花，写下母亲的地址让花店老板派送，然后开车离开了。但他刚开出一小段路，转过一个小山坡时忽然看见一片墓地。他的心突然一动，马上掉转车头，回花店问老板："那些花是不是已经送走了？"老板摇头说："还没有。"他说："不必麻烦你们了，我自己送去。"

每个儿女都应该从现在起孝敬父母，珍惜幸福的生活。比如，下班后一句温馨的问候，休息时散步的相搀，经常听父母说说话或者促膝谈谈心……这些并不难做到，有些儿女却总是以太忙、没有时间来搪塞，错过了家庭的幸福和甜蜜的日子，这样的日子如果总不珍惜，当有一天突然发现时光不再、斯人已去，那时再后悔就来不及了！

幸福的女人对亲情应是极为看重的，她们会平衡事业与家庭

的关系，她们感恩父母，体贴爱人，关爱孩子，她们珍惜生活中

每一件幸福的事，她们珍惜家庭、爱护家庭，她们把幸福的家庭

过得比蜜还要甜。

第五章
敞开胸怀拥抱无限幸福

把仇恨变成幸福的花

幸福的天地无限宽广

搬开阻碍幸福的绊脚石

劳动是光荣的，也是幸福的

环境改变不了追求幸福的心

幸福的法则是奉献

适合自己就是幸福

把仇恨变成幸福的花

幸福的女人心胸开阔，不和对手斤斤计较，能把仇恨变成幸福的花，让别人愉快自己也幸福。

有人问一位智者："你是天下最有学问的人，那么你说天与地之间的高度是多少？"智者毫不迟疑地说："三尺！"那人不以为然："我们每个人都有几尺高，如果天与地之间只有三尺，那不是戳破苍穹？"智者笑着说："所以，凡是高度超过三尺的人，想长立于天地之间，就要懂得低头。"

这是多么智慧的道理，但在现实生活中，却有许多人不懂得低头。自认怀才不遇的人，往往看不到别人的优秀；愤世嫉俗的人，往往看不到世界的美好。人只有敢于低头，不和对手较劲，才能够为别人的成功而欣喜，也才能品尝到自己的幸福。有些女人紧抓着过去的仇恨不放，认为置对手于死地自己才快乐，这种想法是很危险的。其实，宽恕可以将痛苦、仇恨转换成积极的情绪，从而使生活的幸福度提高。有时候，放弃攻击性的言辞，放弃愤怒的冲动，放弃报复的渴望，本身就是一种幸福的境界。

有一种女人经常仰着头，有一种女人却懂得适时地低头。仰头的女人时常以自我为中心，自我感觉良好而目中无人，因此她们体会不到友情的幸福；低头的女人懂得自己和别人平等，她们会以感恩的心体会幸福的生活，因此，她们在生活中不树敌，和他人有了矛盾也尽量不激化，同时能做到换位思考，宽容他人。低头处事不是妄自菲薄、卑躬屈膝，而是心胸开阔、感恩生活的表现，而是将仇恨变成幸福的种子，用大度处事的心态去浇灌，使之绽放幸福的蓓蕾，这是对生活采取的正确态度。

魏国边境靠近楚国的地方有一个小县，一个叫宋就的大夫被派往这个小县去做县令。两国交界的地方住着两国的村民，村民们都喜欢种瓜。有一年春天，两国的村民又都种下了瓜种。不巧这年春天，天气比较干旱，由于缺水，瓜苗长得很慢。魏国的一些村民担心这样旱下去会影响收成，就组织一些人，每天晚上挑

水浇瓜。

连续浇了几天，魏国村民的瓜地里，瓜苗长势明显好起来，比楚国村民种的瓜苗要高出不少。楚国的村民看到魏国村民种的瓜长得又快又好，非常嫉妒，有些人便夜里偷偷潜到魏国村民的瓜地里去踩瓜秧。

魏国村民气愤不已，跑到县令宋就那儿告状，叫嚷也去踩楚人瓜地。

宋县令忙请魏国村民坐下，然后对他们说："我看，你们最好不要去踩他们的瓜地。"

魏国村民气愤至极，哪里听得进去，纷纷嚷道："难道我们怕他们不成，为什么任由他们如此欺负我们？"

宋就摇摇头，耐心地说："如果你们一定要去报复，最多解解心头之恨，可是，以后呢？他们也不会善罢甘休，如此下去，双方互相破坏，最后谁都不会得到一个瓜的收获。不如你们大度些，让他们知道他们做了不对的事，这样能把仇恨的种子变成幸福的花。"

"那我们该如何做？"魏国村民皱紧眉头问。

宋就说："你们每天晚上去帮他们浇地，结果怎样，你们自己会看到。"

魏国村民按宋就县令的意思去做，不久，楚国的村民发现魏国村民不但不记恨他们，反倒天天帮他们浇瓜，惭愧得无地自容。

后来这件事被楚国边境的县令知道了，便将此事上报楚王。楚王原本对魏国虎视眈眈，听了此事，深受触动，于是，主动与魏国和好，并送去很多礼物，对魏国的官员和国民表示赞赏。

看，宽容的魅力有多大，能征服人心，这样于人于己都是幸福的。

古人说："心至善，情至诚，志必坚。"这是做人的原则，但不是要事事与人争高下、较长短。一味的争强好胜，只会与人结怨结仇，既伤害自己又伤害他人，而自己与幸福也会失之交臂。

女人不要以为被别人挑战、为难的经历只有自己才有，一般人都会遇到。要记住对手有时不是给我们制造难题，而是在给我们制造机遇，如果你处理得好，对手会感激你，你也会有大的收获。

幸福的天地无限宽广

有些女人拥有让人羡慕的财富，拥有他人无可企及的事业，可她们一点都感觉不到幸福，她们整日不开心，是因为她们狭隘短浅的心灵中容不下幸福。

阿根廷著名的高尔夫球手罗伯特·德·温森多是一个非常豁达的人。有一次温森多赢得了一场锦标赛，得到了一笔奖金。领到支票后，他微笑着从记者的重重包围中走出来，准备返回俱乐部。这时候一个年轻的女子向他走来，她向温森多表示祝贺后，说她可怜的孩子病得很重，也许会死掉，而她却不知如何才能支付昂贵的医药费和住院费。

温森多被她的讲述深深打动了，他二话没说，掏出笔，在刚赢得的支票上飞快地签了名，然后塞给那个女子，说："这是这次比赛的奖金，你拿去吧，祝你的孩子早日康复。"

一个星期后，温森多正在一家乡村俱乐部进午餐，一位职业高尔夫球联合会的官员走过来，问他前一周是不是遇到一位自称孩子病得很重的年轻女子。温森多点了点头，说有这么一回事，又问："到底怎么啦？""哦，对你来说这是一个坏消息，"官员说，"那个女子是个骗子，她根本就没有什么病得很重的孩子。她甚至还没有结婚哩！你让人给骗了！""你是说根本就没有一个小孩子病得快死了？""是这样的，根本就没有。"官员答道。温森多长出了一口气，然后说："这真是我一个星期以来听到的最好的消息，我感到太幸福了。"

看，温森多的心地是多么善良呀。这样的人怎会不幸福呢？

普希金有首著名的抒情诗：《如果生活欺骗了你》，其最后一句是："一切都是暂时，一切都会消逝，过去的都会变成美好的回忆。"是的，当一个人受到伤害时，切勿浪费时间去抱怨自己的不幸，而应及时走出来，继续前行，这样就会发现幸福的天地非常宽广，只要打开心扉，就可以自由驰骋。

一个长相俊俏的女人要轻生，被正在河中划船的老艄公救上

了船。艄公问："你年纪轻轻的，为何寻短见？"

女人哭诉道："我结婚两年，我爱自己的丈夫，丈夫却遗弃了我。你说，我活着还有什么意义？"

艄公又问："两年前你是怎么过的？"

女人说："那时候我自由自在，无忧无虑。"

"那时你有丈夫吗？"

"没有。"

"那么，你不过是被命运之船送回到了两年前，现在你又自由自在，又可以在无忧无虑的宽广天地中生活了。"

女人听了艄公的话，心里顿时敞亮了，她告别艄公，轻轻松松地跳上了岸。

人总是在经历过坎坷以后才会懂得什么是真正的幸福，痛过了之后才会慢慢地认识自己，懂得如何保护自己。其实，生活中，幸福多，不幸少，人只要放弃无谓的执着，那就没有什么是不能割舍的，没有什么"坎"是过不去的。

人生短暂，经不起斤斤计较地耗费时间，一个人来这个世界不是来斤斤计较浪费生命的，而是来享受世界上一切美好事物的，因此，大度点、糊涂点、宽容点，多去关注那些值得我们关注的事情，多去体会那些能让我们快乐的事情，多去忽略那些会让我们痛苦、郁闷的事情，你就会发现，原来生活这么幸福。

水至清则无鱼，人至察则无徒。别人或许不经意间做了一件让你很气愤的事情，但你又何必斤斤计较？即便斤斤计较又能怎样？事情已经过去，何必因斤斤计较让自己难受？倒不如大度地一笑了之。宽容之心其实不是宽容别人，而是让自己幸福。不斤斤计较，也就释放了自己。

有的人斤斤计较于一得一失，其代价却无比巨大：他们失去了朋友、真情、爱心、幸福……一个人的快乐，不是因为他拥有的多，而是因为他计较的少。所以，人不要以计较的眼光看待世界，否则世界无处不是充满缺陷或不幸的；而以美好的眼光看，哪里都是风景。所以豁达地面对世界，除掉私心，会让心灵更有幸福感。

一个人指着几十盆青松要别人辨认哪些是真松，哪些是假松。有个人很快辨出了真假，旁人问其原因，他说："这很简单，只要细看枝叶，凡有小虫眼儿的，一定是真松，这就叫无疵不真。"辨物如此，识人也一样。

人如果总将眼光盯着痛处，盯着黑暗，使自己看不到光明，

也就不会感受到幸福。

有一个女人婚后总感到不幸福，她在父母面前诉说丈夫的种种不是。父亲听完后连连摇头，他拿出一张白纸在上面画了一个黑点，然后问女儿："你看，这是什么？"女儿答道："黑点。"

"你再仔细看看。"女儿仍是回答："还是黑点呀。"

父亲说："难道除了黑点，你就没看见还有这么大一张白纸吗？别斤斤计较于这个黑点，多看看这张纸中的白色部分。"女儿点了点头，神情有些茫然。

回到家中，她仍然在想白纸与黑点的事情，后来她从中领悟到了一个道理：评价一个人不能只看他的缺点、毛病，要多看积极的一面。

在这种心态的指引下，这个女人慢慢发现自己的丈夫其实有许许多多的优点，这时她才意识到过去自己感到不幸福是因为太斤斤计较，并不是丈夫不好，而是自己的眼睛里看到的只是丈夫的缺点，而看不到丈夫的优点。

幸福的天地无限宽广，人只要敞开心扉去拥抱生活、热爱生活，幸福自然会来到。

搬开阻碍幸福的绊脚石

常有女人感叹自己活得太累，精神上的压力太大，心理上的负担太重。为什么她们会有如此感觉呢？原因有很多，而其中有一点就是攀比心理成了阻碍她们获得幸福的绊脚石。她们在长期的攀比中，已忘记幸福为何物、快乐为何物了。

盲目的攀比让有些女人无法得到幸福：爱攀比的女人会计较为什么老板夸赞别人永远多于自己，爱攀比的女人会计较为什么自己付出了那么多得到却那么少……

攀比是阻碍人获得幸福的绊脚石，有时人越是拼命追求某样东西，它越是容易从人的手中溜走，因此，只有放弃盲目的攀比并且脚踏实地地生活，才会有意想不到的收获和惊喜。不攀比不

仅会让自己心胸豁达，也能和别人平易相处。

人最大的对手其实是自己，和别人比不如和自己比，尤其不要总拿别人的标准来要求自己，每个人都有自己的人生轨迹，尽了自己的最大努力就没有遗憾！人心不足蛇吞象，放纵自己与别人盲目攀比，最终会失去自己真正的幸福！

很多女人都希望自己能够取得应有的荣誉，但人与人贡献大小有别，总有人榜上无名、难以如愿。因此，如何看待荣誉，如何看待得失，如何不迷失在盲目的攀比嫉妒心中，这些问题非常重要。人只有拥有健康的"比较心理"，才会产生积极向上的动力，乐观地看待一切，自由地享受生活。

平和的心态是战胜盲目攀比的利器。平和之人能厚德载物，推功揽过，能屈能伸。平和的女人不与人攀比，她们"猝然临之而不惊，无故加之而不怒"；"居轩冕之中，不忘山林之味；处林泉之下，须怀廊庙之经纶"。她们身心自在，不被忙碌所困扰，能享受生活乐趣；她们有自己的一片幸福天地，不在盲目的攀比中迷失幸福的路标。

平和的心灵就像生命之画中几笔简单的线条，有着疏疏朗朗的淡泊；平和的心灵就像生命意境中的一轮薄月，有着清清凉凉的宁静。平和的心灵令人回味生活中无穷的韵味。因此，天地间有幸福，于平和处得；人生中有大疲惫，只因攀比之心。

人生在世，注定要受许多委屈。人只有经得起委屈，才能有弃旧图新、自励自强的勇气；人经得起委屈，才能有超越自我，追求幸福的动力；人经得起委屈，才能有收获进步的快乐。

女人受了委屈不可怕，只要学会一笑置之，就能让自己变得更坚强，锻炼自己感知幸福的能力。经得起委屈的女人会勇敢地面对生活中的不如意，她们不抱怨，不争强好胜，因为她们知道只有经得起委屈的人，才会享受幸福的甜蜜。

大雪纷飞的冬天，山谷中雪花落满了雪松的枝丫，每当积雪达到一定的程度时，雪松富有弹性的枝条就会慢慢向下弯曲，直到积雪从树枝上一点一点滑落。这样雪反复地积，枝条反复地弯，雪反复地滑落……风雪过后，雪松完好无损地迎来了又一个春天。

巨石下的小草，为了呼吸新鲜的空气，享受那温暖的阳光，改变生长的方向，沿着巨石的一侧弯弯曲曲地伸出了头，终于冲出了巨石的阻隔，看到了明朗的天空，沐浴到了明媚的阳光。

自然界中的植物都在巧妙地实践着生存的真理。受委屈时先

灵活地拐个弯，让自己更好地成长。"低头的是稻穗，昂头的是稗子。"越成熟越饱满的稻穗，头垂得越低；只有那些稗子，才会显摆招摇，始终把头抬得老高，可它们摆脱不了最终被铲除的命运。所以，经得起委屈，是一种追求幸福的态度，人经得起委屈，就能从人生的坎坷中品尝到幸福。

所以，别再为小小的"委屈"难过了，人生中注定要受许多委屈，才能最终享得幸福的甜蜜。一个人越是想要完美的幸福，所遭受的委屈注定越多。因此，要使自己的生命更精彩，就不能在乎委屈。

曾经有位画家，一直想画出人人都称赞的画，经过几个月的辛苦工作，他把画好的作品拿到市场上，在画旁放了一支笔，并附加了一条说明：如果你认为画中哪里欠佳，请在欠佳处标上符号。

晚上，画家把画拿回家后仔细一看，发现整幅画没有一处不被标上记号的，画家十分不快。他决定换个方式再试一次，于是他又临摹了一幅相同的画，这次他要求观赏者将其最为欣赏的地方标出符号。结果，所有的地方也都画上了标记。

这时画家明白了：其实画什么，都会有人觉得不好，同时也会有人觉得好。有些人反感的东西在另一些人眼里恰恰是美好的，所以，无论做什么事，只要自己做好就可以了，不必太在意他人的眼光。

委屈是人生必经的考验，经得起委屈的人懂得隐忍，知道宽容的益处，也能从委屈中不断进步。

劳动是光荣的，也是幸福的

人来到世上，最终都要依靠劳动维生，靠劳动养家糊口，靠劳动奉献社会，靠劳动实现成功。劳动的人是幸福的，也是光荣的。女人和男人一样，也需要靠劳动创造自己的幸福。

约翰·富兰克林·斯密斯教授60岁退休后，无法忍受离开学校、离开学生的生活，他向学校申请了一份清洁工作，每天和拖把、扫帚、抹布、水桶打交道。他又兢兢业业地工作了10年，70岁退休。记者问他："当教授和做清洁工，哪项工作更使你满意？"他回答说："在人生的每个年龄阶段，都应该去寻找适应自己的工作，无论是当教授或当清洁工，只要工作着，就是快乐的。"

　　许多人只是把工作当作一种养家糊口的手段，其实工作还有更加重要的意义，那就是实现个人价值、达到幸福，在为社会做贡献的同时，使内心得到极大的满足。一个人要生存，工作是必不可少的，工作是人类与生俱来的权利，也是人的天职。工作能让人摆脱心灵空虚、获得精神上的满足。工作是医治心灵空虚的良药，是最有效的精神滋补剂。人生在世就应有所作为，人与生俱来的职责和使命可以通过工作来实现。

　　工作着的女人是幸福的，这种幸福不是来源于工作能为她带来多少财富，而是来自于个人价值的实现。女人珍惜自己的工作，追求自己的事业目标，才能受到社会的尊重，才能在被别人重视的过程中感受到快乐，真正实现男女平等。

　　工作还能够使女人感受到生命的意义，工作能够让黯淡无光的生活大放异彩，让人活出价值。工作能提升人的社会责任感、自我尊严感和成就感，也是实现个人幸福的有效途径。

　　有一位高级酒店的女保洁员，工作时脸上总带着灿烂的笑容，表现出内心的快乐。一次，她遇到了一个打听怎样去另一家酒店的外国客人，她详细地告诉他路线并把客人送出酒店门口。

　　在外国客人致谢道别之际，她很有礼貌地回应："不客气，

祝你顺利找到那家酒店。"接着她补充了一句："我相信你一定会很满意那家酒店的服务，因为那儿的保洁员是我的徒弟！"

"太棒了！"那个外国人笑了起来，"没想到你还有徒弟！"这位保洁员的脸上露出了幸福的微笑："是啊，我做这份工作已经做了15年，带出了好多优秀的徒弟，我热爱我的工作，感激我的工作，我觉得非常幸福。"

这个外国人听后很疑惑，他问道："为什么工作会让你如此幸福？"保洁员笑着说："我的工作给了我生活保障，给了我乐趣，我当然幸福了。"保洁员把工作当成自己神圣的职责，并感激自己有这份工作，所以内心如此的幸福和自豪。

是的，如果一个人有积极的工作态度，那么他在得到了一份稳定的工作之后一定会非常高兴，一定会善待这份工作。他不会因为工作中的劳累、烦恼而生气，反而会充分体会工作中的乐趣。

居里夫妇对大多数人所积极追求的名声、富贵或奢华都看得非常淡，他们一辈子以工作为乐。居里夫妇在发现镭之后，世界各地的人纷纷来信希望得到提炼的方法。

居里先生平静地说："我们必须在两种决定中选择一种。一种是毫无保留地公布我们的研究成果，包括提炼方法在内。"居里夫人做了一个赞成的手势说："是，当然如此。"

居里先生继续说："第二个选择是我们以镭的所有者和发明者自居，但是我们必须先取得提炼铀的沥青矿技术的专利执照，并且确定我们在世界各地造镭业中应有的权利。"

取得专利代表着他们能因此获得巨额的财产，过舒适的生活，还可以留给子女一大笔遗产。但是居里夫人听后却坚定地说："我们不能这么做。如果这样做，就违背了我们原来从事科学研究的初衷。"居里夫妇轻而易举地放弃了唾手可得的名利，依然过着自己简单而幸福的生活。

人生的真正意义，不是在忙碌的工作中牢骚满腹，而是为了在工作中享受挑战的乐趣，体现自身的价值。因此，人只要努力工作，一定会从工作中享受到工作带来的幸福和快乐。

A生和B生大学毕业后被同一家酒店录用，他们都满怀信心地憧憬着自己幸福的未来。A生的梦想就是在酒店得到白领级别的待遇，坐在宽敞的办公室里，月月高收入，年年能提拔，最终成为这家酒店的精英一族：第一年让自己坐上主管的位子，第二年升迁为总经理，第三年进董事会。B生很务实，他的梦想就是

让自己能胜任现在的工作，并在这家酒店站稳脚跟。A生对B生的这点"出息"嗤之以鼻，心想这也叫梦想？可结局怎样呢？A生连试用期都没过，就被解雇了，而B生却留了下来，经过几年的发展，竟然拥有了A生曾经梦想中的一切。

"石油大王"洛克菲勒在给儿子的信中说："加薪与升迁的机会总是留给那些努力工作的雇员。他们劳苦工作的最高报酬在于使工作的热情持续下去，并让自己的内心世界充实，这比只知敛财的欲望更为高尚。他们靠自己的劳动获得了幸福。"

女人应用心工作，让内心充满快乐和满足，这是一种难得的幸福。女人的一生也需要不断追求事业的发展，不断实现自己憧憬的目标，这就是幸福的真谛。

环境改变不了追求幸福的心

人不论身处哪种环境，只要做到不被环境所左右，不忘自己追求幸福的初心，就一定能创造出美好幸福的生活。

幸福不能用你得到多少财富、拥有多少名誉来衡量，社会的安定和谐、工作环境中的平等团结、家庭的温馨和睦都会让人感到真正的幸福。因此，无论是高居庙堂之上，还是身处江湖之远，不为环境所左右，努力奋斗，就会让心灵充满幸福的阳光。

有人说，环境是可以改变的，是的，在生活中，很多环境确实被人们改变了，但有些环境如果改变不了，或改变代价太大，那就去改变自己的心态。

苏东坡受"乌台诗案"牵连，险些丢掉性命，后被贬为黄州

团练副使。他身处如此逆境，却旷达依旧，在赤壁的月夜写出了脍炙人口的《前赤壁赋》："寄蜉蝣于天地，渺沧海之一粟，哀吾生之须臾，羡长江之无穷。"他认为，一个人如果把自己摆到宇宙之中，不过是一粒尘埃，何必对不利自己之事斤斤计较呢？

所以，当环境对己不利，生活不如意的时候，要审视的不仅是自己的努力程度，还有自己的心态；正如当身体出现问题的时候，不仅要找医生看病，还要让自己坚强起来。

每天上午11时许，都会有一辆耀眼的汽车穿过纽约市的中心公园，车里除了司机，还有它的主人———一位无人不晓的百万富翁。后来百万富翁注意到，每天上午都有个衣着破烂的人坐在公园的凳子上死死地盯着他住的地方。

百万富翁对此产生了极大的兴趣，他要求司机停下车并径直走到那人的面前说："我真不明白你为什么每天上午都盯着那个地方看。"

"先生，"这人答道，"我没钱、没家，我只能睡在这长凳上。不过，每天晚上我都梦到住进了那个地方。"

百万富翁灵机一动，洋洋自得地说："今晚你一定会如愿以偿，我将为你在那个地方租一间最好的房间并付一个月房费。"

几天后，百万富翁来到这人的房间，想打听一下他是否对此感到满意。然而，他发现这人已搬出了这里，又重新回到了公园的凳子上。

当百万富翁问这人为什么要这样做时，他答道："我睡在凳子上时，我会梦见我睡在那个豪华的地方，感觉真是妙不可言；可一旦我真睡在那个地方，我却梦见我回到了冷冰冰的凳子上，这梦真是可怕极了，以致完全影响了我的睡眠！"

很多时候，人处在什么样的环境中真的不是很重要，重要的是保持良好的心态。

好的环境确实能使人拥有快乐生活，但不好的环境通过人的努力也会改善。如同一个女人，也许她没有天生的丽质，但可以拥有睿智的思想；也许没有雄辩的口才，但可以拥有独特的人格魅力。女人要想拥有快乐生活，就要在自己的内心构建一个多彩的天地，这个天地要多一些知足，少一些贪欲；多一些从容，少一些失落；多一些沉静，少一些浮躁；多一些快乐，少一些烦恼。

人最大的不幸，就是不知道自己是幸福的。人这一生，不要去过分地苛求，不要有太多的欲望。因为我们已幸运地拥有生

命，拥有健康的体魄，所以要在快乐的心境中做自己喜欢做的事情，这就是人生最大的幸福。

玛丽在整理旧物时偶然翻出几本过去的日记。她随手拿起一本翻看，日记本的纸张有些发黄了，字迹透着年少时的稚嫩。"今天，老师公布了期末成绩，这是我入学以来第一次考砸。我难过地哭了，我要永远记住这一天，这是我一生中最大的不幸和痛苦。"

看到这里，玛丽忍不住笑了：自离开学校后这十几年所经历的失败与痛苦，哪一个不比当年的一次期末考试没有考好更重呢？为什么当时自己会觉得这是天大的不幸？

翻过这一页，她继续往下看。

"今天，我非常高兴。妈妈对我太好了，我是最幸福的孩子！"看到这，玛丽不禁有些惊讶，她努力回忆当年的情景，却想不起妈妈做了什么事让自己那么幸福。

玛丽又翻了几页，发现日记里记的事现在看来都根本不算什么事，可在当时却让她感到"非常难过"、"非常痛苦"或是"非常不幸"。

玛丽看了不禁觉得好笑，她放下一本又拿起另一本，翻开，只见扉页上写道："献给我最爱的人——你的爱，将伴我一生！我的爱，永远不会改变！"看了这一句，玛丽的眼前模模糊糊地浮现出一个男孩的身影，她曾经以为他就是自己的全部生命，可是走出校门以后，他们就没有再见面。她也曾经在痛苦中挣扎，不过很快一切都释然了。

是的，我们曾经以为不可承受的不幸和痛苦，许多年后或许会成为另一种幸福的回忆。很多事情会随着时间、环境而改变，但不变的是自己追求幸福美好的心！

好景不常在，好花不常开，幸福就是一个人享受自己所拥有的快乐生活，好好地去珍惜它、善待它、把握它！

幸福的女人，不管身处怎样的环境，一定要懂得给自己安排一片不受干扰的属于自己的小天地。在这里，你可以想自己所要想的，做自己所要做的，忘记自己所要忘记的。这片小天地是你寄托灵魂、寻找幸福的地方，这个小天地，就是你的内心。

幸福的法则是奉献

人的幸福有很多种方式，而制造幸福的惊喜能使幸福加倍。这个惊喜不一定是物质层面的东西，比如每天多花些时间和家人、孩子在一起，或和一个久别重逢的朋友促膝谈心，都可以感受到幸福。

幸福的法则是爱，是人人为我、我为人人的无私奉献，有许多人就是从帮助别人的过程中得到了快乐和幸福。爱是给人们带来幸福感的直接方式，当然，爱也是有条件的。请看下面的故事：

从前有一个小岛，上面住着快乐、悲哀、知识和爱，还有其他各类情感。一天，情感们得知小岛快要下沉了，于是，大家都准备船只，打算离开小岛。只有爱留了下来，她想坚持到最后一刻。过了几天，小岛真的要下沉了，爱想请人帮忙。这时，富裕乘着一艘大船经过小岛。

爱说："富裕，你能带我走吗？"富裕答道："不，我的船上有许多金银财宝，没有你的位置。"爱看见虚荣在一艘华丽的小船上，便说："虚荣，你帮帮我吧！""我帮不了你，你全身都湿透了，会弄坏了我这漂亮的小船。"悲哀过来了，爱向她求助："悲哀，让我跟你走吧！""哦……爱，我实在太悲哀了，想自己一个人待一会儿！"悲哀答道。这时快乐走过爱的身边，但是她太快乐了，竟然没有听到爱在叫她！突然，一个声音传来："过来！爱，我带你走。"这是一位长者。爱大喜过望，竟忘了问他的名字。

登上陆地以后，长者独自走开了。爱对长者感恩不尽，她问知识："刚才帮我的那个人是谁？""他是时间。"知识答道。"时间？"爱问道，"为什么他要帮我？"知识笑道："因为只有时间才能证明爱有多么伟大。"

可见，不管幸福的方式是什么，都要经得起时间的考验和岁月的磨砺。

有匹马烈得要命，想靠近它很不容易，更不用说驯服它了，如果谁敢贸然向它走去，它不是咬就是踢，叫人望而却步。

有一天，烈马跌入泥潭中，几个牧民幸灾乐祸："淹死它才好呢！"这时，有个牧马人走上前去，把烈马从泥潭中救了出来，然后用心为它擦洗全身并把它拴在马桩上。烈马的皮毛晒干后干痒难忍，牧马人又用梳子给烈马梳刷全身。烈马感到十分舒适，对牧马人服服帖帖。牧马人又给它喂了上等的草料和水，精心照顾烈马。慢慢地，烈马温顺地能听他的话了，后来成为草原上最驯服、最出色的坐骑。

对待烈马，要使其驯服，还得给予关怀和爱护。人也一样，如果对他人毫无爱心，自己和别人都不会幸福；而以情感动人，相互关爱，这样的世界才是幸福温暖的。

天使遇见一个诗人，诗人年轻、英俊、有才华且富有，他的妻子貌美而温柔，但他过得并不快活。天使问他："你不快乐吗？我能帮你吗？"

诗人对天使说："我什么都有，只欠一样东西，你能够给我吗？"天使回答说："可以。你要什么我都可以给你。"诗人直直地望着天使说："我要幸福。"

　　这下子把天使难倒了，天使想了想，说："我明白了。"然后天使把诗人所拥有的都拿走了，天使拿走诗人的才华，毁去他的容貌，夺去他的财产，带走他妻子。天使做完这些事后，便离去了。

　　一个月后，天使再次回到诗人的身边，诗人此时饿得半死，衣衫褴褛地躺在地上挣扎。天使把从他身边拿走的一切都还给他，就离去了。半个月后，天使再去看望诗人。

　　这次，诗人搂着妻子，不住向天使道谢，因为他感受到幸福了。

　　人要想幸福，要牢记爱的法则：爱，是人人为我、我为人人的无私奉献。

适合自己就是幸福

世上有没有确定的幸福的目标呢？没有。选定幸福的目标，适合自己的才最好，人必须按照自身的客观实际来设立幸福目标，不要把幸福目标定得太高，太多，因为只有实现了幸福目标，才能获得真正的幸福。

有个人一生从来没有穿过合脚的鞋子，她常穿着巨大的鞋子走来走去。别人如果问她为什么这样做，她就会说："大鞋小鞋都是一样的价钱，为什么不买大的？"

这个人是不是很可笑？可现实中却有很多女人犯了同样的错误。她们忘了自己的"脚"大小，总买最大号"鞋子"，忘了"合脚"是最重要的。所以，女人追求幸福，适合自己最好。

珍妮原本是一个学习成绩很不错的女孩，却没有考上大学，于是她进入一所业余小学教书。由于讲不清数学题，她不到一周就被学生们轰下了讲台。母亲为她擦干眼泪，安慰她说："没有必要为这个伤心，也许有更适合你的工作等着你去做。"后来，珍妮外出打工，先后做过纺织工、市场管理员、会计，但都半途而废。

每当珍妮沮丧地回来时，母亲总安慰她，从没埋怨过她。30岁时，珍妮成为聋哑学校的辅导员。后来，她又开办了一家残障学校。再后来，她在许多城市开办了残障人用品连锁店，这时的她，已是一位拥有几千万资产的老板了。

一天，珍妮问母亲，前些年她连连失败，自己都觉得前途渺茫的时候，是什么原因让母亲对自己仍有信心呢？母亲的回答朴素而简单。她说："一块地，不适合种麦子，可以试试种豆子；如果豆子也长不好的话，可以试种瓜果；如果瓜果也不行的话，撒上一些荞麦种子一定能够开花。因为一块地总会有一种种子适合它，也终会有属于它的一片收成。"

这个故事告诉我们，女人在寻找自己幸福前，都要先寻找到属于自己的"种子"。

有一个大鱼缸，缸里养着十几条热带鱼。那些热带鱼长约三寸，大头红背，长得特别漂亮，惹得许多人驻足凝视。一转眼两年过去了，那些鱼似乎没有什么变化，依旧三寸长，大头红背，每天自得其乐地在鱼缸里游玩、小憩，吸引着人们的目光。

有一天，鱼缸的缸底被砸了一个大洞，待人们发现时，缸里的水已经所剩无几，十几条热带鱼也濒临死亡，人们急忙把它们打捞出来。放在哪儿呢？人们四处张望了一下，发现只有院子当中的喷水池可以当它们的容身之所。于是，人们把那十几条鱼放了进去。两个月后，一个新的鱼缸被抬了回来，人们跑到喷水池边来捞鱼。这时，让人们大吃一惊甚至手足无措的事发生了：仅仅过个两个月，那些鱼竟然都由三寸长长到一尺长！人们七嘴八舌，众说纷纭，有的人说可能是因为喷水池的水是活水，鱼才长这么长；有的人说喷水池里可能含有某种矿物质；也有的人说那些鱼可能是吃了什么特殊的食物。但这些猜测都有一个共同的前提，那就是喷水池要比鱼缸大得多！

可见目标是随着环境发展的，环境对事物的影响也是非常大的，所以，女人选择幸福的目标要根据环境、条件而定，只有这样才能让自己追求到最好的幸福。

生活可以是幸福的，也可以是悲伤的；生活可以充满欢乐，也可以布满痛苦。幸福目标可以是伟大的理想，也可以是简单平凡的愿望，但不管你设定的幸福目标是大是小，是高是低，幸福的生活都是你自己创造的，你可以让自己成为自己的主人，成为幸福生活的主角。

第六章
努力奋斗才能赢得幸福

热情让幸福多一份活力

放慢脚步欣赏自己的幸福之路

牢牢把握幸福

有希望就会有幸福，有努力就会有奇迹

做幸福的主人

人人都有追求幸福的权利

热情让幸福多一份活力

人多一份热情，幸福就多一份活力。人生本来就是一种不断适应变化的过程，也是不断奋斗的过程。生活中会有很多难以控制的因素影响着人们的心态，但女人只要有了热情与理想，做好了克服困难的必要准备，永葆坚持不懈的努力，任何事情都不会阻碍你实现自己的幸福。

心态是人们对待事物的看法以及态度，它是人们采取所有行动的基础，也是决定人们用什么方式去品味生活的基础。一个人如果心情愉悦，就会对世界充满热情，对生活充满希望，做事情就可以快乐地去做，心情也会变得越来越好；相反，如果心情郁闷，始终愁眉苦脸地面对生活，那么无论做哪件事情都不会有活力和积极的心态，严重时还会错误百出，使心情更加消极抑郁，最终变成一个恶性循环。

幸福是一颗希望的种子，需要用生命的热情之水去灌溉。因此，要想获得幸福，不仅不能没有热情，而且要始终如一地保持热情。人的一生，不管际遇如何，都应该永葆热情，让幸福多一份活力。

1907年，后来成为美国著名保险推销员的法兰克·派特刚转入职业棒球界不久，就遭到有生以来最大的打击——他被开除了。

球队的经理对他说："你这样慢吞吞的，哪像是在球场上打了20年球的运动员？法兰克，你离开这里之后，无论到哪里做什么事，若不打起精神来，你将永远不会有出路。"

本来法兰克的月薪是175美元，离开这支球队之后，他参加了亚特兰斯克球队，月薪减为25美元。薪水这么少，法兰克做事当然没有热情，但他决心努力试一试。待了大约10天之后，一位名叫丁尼·密亨的老队员把法兰克介绍到新凡去。

在新凡的第一天，法兰克的一生有了一个重要的转变。因为在那个地方没有人知道他过去的情形，法兰克决心变成新英格兰

最具热忱的球员。为了实现这点，他必须采取新的行动。他强力地投出高速球，使接球的人双手都麻木了。有一次，法兰克以强大的气势冲入三垒，那位三垒手吓呆了，球漏接，法兰克就盗垒成功了。当时气温高达39℃，法兰克在球场奔来跑去，极可能因中暑而倒下去，但他挺住了。他的热忱所带来的结果，令人吃惊。

第二天早晨，法兰克读报的时候，兴奋得无以复加。报上说：那位新进来的球员，无疑打了一个霹雳球，全队的人受到他的影响，都充满了活力。他们不但赢了，而且那场比赛是本季最精彩的一场。

由于热情的态度和出色的战绩，法兰克的月薪由25美元提高为185美元，多了近7倍。在随后的两年里，法兰克一直担任三垒手，薪水加到最初的30倍之多。有人问他如何做到这点，法兰克说："这是因为热情，没有别的原因。"后来，法兰克的手臂受了伤，不得不放弃打棒球。

他到菲特列保险公司当保险员，整整一年都没有什么成绩，他很苦闷。但后来他又变得热情起来，就像当年打棒球那样。再后来，他成为保险界的名人，不但有人请他撰稿，还有人请他讲他的经验。他说："我从事推销工作已经15年了。我见到许多人，由于对工作抱着热情的态度，收入成倍地增加；我也见到另一些人，由于缺乏热情而消极工作，最终要么拿很低的工资，要么失业。所以，我深信唯有热情的态度，才是工作成功的最重要因素。"

热情可以让人们摆脱消极习惯的束缚，激发内在的潜力。人若没有热情，就不会有尝试的勇气，就不会有新生后的喜悦。因此，充满热情地生活，敢于迎接挑战，就会突破各种障碍，获得幸福和自由。决定人一生命运的，不是别人，不是运气，而是自己对人生的态度。

热情的态度，是做好任何事必须的条件。或许我们没有能力去创造一种环境，但可以去选择让自己拥有热情的生活态度。

热情会让人心态积极，抛开消极观念的捆绑，充满热忱地奋力拼搏进取，热情可以让心灵挣脱束缚，向着真善美发展。热情的人能做心灵的主人，能勇往直前地追求幸福生活。

女人只要具备热情就能获得幸福和快乐，反之，如果没有对生活的热情，就没有激情，就体会不到生活中的幸福。

放慢脚步欣赏自己的幸福之路

人生在世，谁都想获得幸福，谁都愿意让幸福伴随自己一生。可年华似水、岁月匆匆，很多人为生活疲于奔命，对生活没有感悟，对幸福没有领悟，总是忽略自己已经拥有的幸福。

其实我们每时每刻都处在幸福之中，比如，我们有牵挂自己的爱人、活泼可爱的儿女、关爱自己的双亲……人的一生虽然很忙碌，但要忙中偷闲寻找幸福，享受幸福。

人的身边总会有幸福的踪迹，因此，开心过好每一天，善待自己，与亲人和睦相处，就能体悟幸福，享受幸福！

女人一生，年华易逝，青春不等人，不要在疲于奔命中错过了太多的幸福而追悔莫及。人的时间很宝贵，你要为自己想要的幸福付出努力。但是，千万不要变成一台疲于奔命的机器。要懂得停下，懂得转身，懂得忙里偷闲品尝生活的乐趣：比如，给自己一个轻松的假日，约朋友喝茶聊天，陪父母唠唠家常，陪爱人看场电影，带孩子逛逛游乐园……

快乐和幸福不能在疲于奔命中体会和领悟，一个人可以活得很忙碌，但绝不应该因为忙碌而放弃生活，放弃幸福；不要将"忙"当成生活的全部，也不要以"忙"为借口，错过真正珍贵的人和事。减少忙碌不是让人懒惰，而是让人抽时间寻找幸福。很多人以为容易得到的东西是不值得珍惜的，可越是平凡的东西，可能越会让人得到幸福和快乐。

人在青年时期，有虚荣心和急于成功的心理是很正常的，但在成熟了之后，就要对自己有正确的认识，就要学会享受生命中的乐趣，要在工作与生活之间取得平衡，而不是疲于奔命地"乱忙"，要常给自己的心灵放放假。

在犹太人中流传着这样一个故事：

三个商人死后去见上帝，讨论他们在尘世中的功绩。

第一个商人说："尽管我经营的生意几乎破产，但我和我的家人并不在意，我们生活得非常幸福快乐。"上帝听了后，给他打了50分。

第二个商人说："我很少有时间和家人待在一起，我只关心

我的生意。你看，我死之前，是一个亿万富翁！"上帝听罢默不作声，也给他打了50分。

这时，第三个商人开口了："我在尘世时，虽然每天忙着赚钱，但我同时也尽力照顾好我的家人，朋友们也很喜欢和我在一起，我们经常在钓鱼或打球时，就谈成了一笔生意。我活着的时候，觉得人生太有意思了！"上帝听他讲完，立刻给他打了100分。

没错，人的一生都是在"忙"中度过的，很少有"闲"的人。工作是养活自己的基础，所以每个人都要工作。但生活也是重要的，有些女人在每日奔波劳碌中"忙"得昏天暗地，突然想起春天已过去了，这才想到要约三两好友出去踏青，可惜花已经凋零了；还有些女人看到秋天快过去了才意识到要去爬爬山，欣赏欣赏秋景，而此时大雪都快要封山了；有些女人工作了很多年，终于觉得钱已经赚够了，却发现自己已经没有享受生活的闲情逸致了。

这个世界上的"忙"是永无止境的，无论男人还是女人，努力工作、多多挣钱也是正常的，但时间却是飞快流逝的，不以人的意愿为转移的。所以，我们需要放慢脚步，去欣赏路边的风景，去体验自然的清新。

牢牢把握幸福

　　人生是个大舞台，在这多姿多彩的舞台上，每个人都是主角，各自演绎着自己甜酸苦辣的故事；每个人都希望自己能像磁铁一样，牢牢吸住"幸福"，但幸福却偏爱坦诚的"真我"。

　　坦诚的人是本书：序言是平和，主题是真诚，内容是浪漫，过程是温馨，旋律是以善为本，结局是宽容。

　　坦诚的人文明而有理性，他们有智慧、有远见、有自信。

　　沈从文是我国当代著名的文学家，他以一部《边城》震撼文坛，成为中国文坛首屈一指的作家。沈从文的家庭条件不好，从小没有上过几天学，年轻时的他曾经怀揣着梦想到北京闯荡，他向别人借书来读，还经常跑到北京大学旁听。他阅读了大量书

籍，增长了知识和见闻，又因为经常去旁听，很多老师都认识他，他也结识了很多文学大师，并向他们请教，在与大师的畅谈中，他不断成长。

许多年后，他只身来到繁华的上海，由于"土里土气"的装扮，他受到他人的轻视和鄙夷。然而，沈从文从不丧失"真我"，他坚定志向，终于以一篇篇灵气飘逸的作品而震惊文坛。后来他被时任中国公学校长的胡适聘为该校讲师。

让沈从文给大学生们讲课，这可给他出了一个难题。沈从文第一天走上讲台，看着台下的一群学生，不禁心跳加速，十分紧张。从开始上课到他说出第一句话，其间相隔十多分钟。台下一片寂静，大家都在期待着这位大师的精彩演讲。

然而，当他开始讲课时，由于心情十分紧张，他竟然把准备讲的内容忘得一干二净，只好低着头照着讲义念。这样不仅使课程显得十分枯燥，而且十几分钟就讲完了，那么剩下来的时间应该怎么办呢？沈从文冷汗直流，心慌意乱。台下依然很寂静，学生们仍然满怀期待地望着这位传说中的大师。几分钟后，沈从文拿起粉笔，在黑板上写下了这样一句话："今天是我第一次上课，人很多，我害怕了！"台下顿时响起一阵善意的笑声。

沈从文的坦率令人钦佩，他内心的坦诚让他的心灵充满阳光。

在现实生活中，很多女人都戴着面具生活。尽管有时候这样做是迫不得已，但这样真的不会感觉到幸福。人的一生不管是对朋友、对社会、对家人，都不能用虚伪来应付，因为虚伪的种子只能结出虚伪的果实，而善良和坦诚才是获得幸福的根本。

有这样一个故事：

一个乐于助人的青年遇到了困难，他想起自己平时帮助过很多朋友，于是去找朋友们求助。然而，对于他的困难，朋友们全都视而不见、听而不闻。他觉得自己很不幸，居然结交了这样一群朋友，不由得怒气冲冲，于是去找父亲一诉苦衷。

父亲说："以企图得到回报的心帮助别人就是丧失了'真我'，助人本是好事，然而你却没有感到快乐，这要怪你自己。""为什么这么说呢？"他大惑不解。父亲说："在帮助他人的时候，应该怀着一颗平常的心，不企求回报。你应该想着自己是在做一件力所能及的事，是为了得到精神上的享受。如果你认为自己帮助了别人，就必须有所回报，以这样的心态看他人，总觉得他人对不起你，你就不会幸福快乐。"

愿意帮助别人，并在自己遇到困难的时候得到别人的帮助，可以说是人最大的幸福。但如果他人不能回报你，你也不要抱怨，因为乐于助人是一种不求回报的美德。

汤姆是一位工程师，虽然已过而立之年，但事业上还是一无所成，因此他常觉得自己很不幸。有一天，他对妻子说："我对这个城市很失望，想离开这里，换个地方。"于是他们来到了另外一个城市，搬进了一栋破旧的公寓楼里。

汤姆天天早出晚归忙于工作，对周围的邻居从未关注。一个周末的晚上，汤姆和妻子正在吃饭，突然停电了，屋子里漆黑一片，就在这时，门口传来了轻微的有些迟疑的敲门声，打破了黑夜的寂静。

汤姆在这个城市里一个熟人也没有，也不愿意在周末被别人打扰。他很不耐烦地起身，费力地摸到门口，极不情愿地开了门。"您家有蜡烛吗？"一个小女孩问。"没有！"汤姆火冒三丈，"嘭"的一声把门关上了。"真够烦人的！"汤姆对妻子抱怨道，就在他满腹怨言的时候，门口又传来了轻轻的敲门声。

汤姆打开门，门口站着的还是那个小女孩，她手里举着两根蜡烛。小女孩笑着说："奶奶告诉我，楼下新来了邻居，可能没有准备蜡烛，要我拿两根给你们。"

汤姆顿时怔住了，好不容易才回过神来。就在这一瞬间，汤姆幡然醒悟，他终于知道自己时常不快乐的根源了——他丧失了坦诚的"真我"，对世界、对他人太过冷漠与刻薄，所以常常错过了生活中真正的幸福。

是的，人只有以坦诚的"真我"融入社会，与他人、与社会和谐共生，才能时刻保持质朴之心，感受到纯真自然的快乐生活，寻找到点点滴滴的幸福。

女人一定要保持坦诚的"真我"，这样才会获得幸福，坦诚的"真我"能感受到"面朝大海，春暖花开"的美好，能把幸福当成生活中的习惯。

有希望就会有幸福，有努力就会有奇迹

也许你在工作中遇到了挫折，也许你觉得生活没有乐趣。在这种情况下，你会选择如何去做？是充满希望、继续前行，还是怨天怨地、任由命运摆布？

有希望就会有幸福，有努力就会有奇迹。

女人无论是在什么样的逆境中，都不能放弃自己的幸福希望。因为，只要不放弃希望，就不能算失败，只能算是暂时不成功而已。其实，失败、打击或磨难都不能吓倒人，反而会使人更加坚强，如果人们对幸福始终充满希望，就会创造奇迹。

一位名人说："一个人在人生低谷中徘徊，感觉自己支撑不下去的时候，其实就是黎明前的夜，只要你心中充满希望，坚持一下，再坚持一下，肯定会看到光明。"生活就是一场博弈，充满了挑战。只要你充满希望，就能勇敢地面对现实，迎接挑战，把握自己的命运，战胜一切困难。即使偶尔遇到挫折，也要对生活充满希望，因为希望是人们对美好生活的向往，一个人只有在有了向往和追求以后，心中的信念才会生根、发芽、开花、结果，才会在艰难困苦中前进。

幸福最大的敌人是消极的人生态度。其实，人生中的一切成功，全靠人们的希望，有希望就会生出勇气，有勇气就会更加自信，有自信人就乐观，唯有如此，方能获得幸福。然而，许多人在处于逆境的时候，在碰到沮丧的事情时，或者是处于凶险的境地时，往往会被恐惧、怀疑、失望吓倒，丧失了自己的希望。

只要心怀希望，创造力就不会枯竭。因为希望是生命的原动力，当希望的目标实现以后，新的希望又会在它的基础上萌生。

有两个人要去寻找幸福，他们在沙漠里迷了路，水壶中的水早就喝完了，两人又累又饿，体力渐渐不支。休息时，一个人问另外一个人："现在你能看到什么？"被问的那个人回答道："我现在似乎看到了死亡，看到死神正在一步步地靠近我。"

发问的这个人却微微一笑说："我现在看到的是我和妻儿相

聚的幸福情景。"

最后，那个看到死亡的人真的死在沙漠中了，就在他快要走出沙漠的时候，他被绝望打垮了，用刀匆匆结束了自己的生命；而有希望的那个人则靠着希望成功地走出了沙漠，终于拥抱了幸福的生活。

不要为明天而烦恼，不要为昨天而叹息，只为今天和未来更美好而努力。用希望迎接朝霞，用笑声送走余晖，用快乐填满每个夜晚，那么，每一天都会生活得更充实、更潇洒。有希望就是"向前看"，这是积极的人生态度，它有助于人们克服困难，保持进取的旺盛斗志。要牢记积极的心态创造幸福，消极的心态消耗幸福。

经历了一次期末考试后，斯蒂克并没有取得自己理想中的好成绩，尽管分数上还说得过去，但只能排在全班第十几名。这对心高气傲的斯蒂克来说，是个不小的打击，他一下子变得消极起来。

放寒假了，斯蒂克回到家里，父亲问起了学校里的生活，斯蒂克告诉父亲说："真的很没劲。"斯蒂克的父亲是个铁匠，他听了儿子的话后感到很惊讶，他沉默了半晌之后，转过身用他那粗壮的手操起了一把大铁钳，从火炉中夹起一块被烧得通红的铁块，放在铁錾上狠狠地锤了几下，随之丢入身边的冷水中。伴随着"嘶"的一声响，水沸腾了，一缕缕白气向空中飘散。

父亲说："你看，水是冷的，铁是热的。当你把热的铁块丢进水中之后，水和铁就开始了较量——它们都有自己的目的，水想使铁冷却，但铁想使水沸腾。现实中，人又何尝不是如此呢？生活好比是冷水，你就是那热铁块，如果你不想自己被水冷却，就得让水沸腾。"

斯蒂克听后感动不已，朴实的父亲竟然说出了这么饱含哲理的话！

第二个学期开始后，斯蒂克通过反省自己，并且不停地努力，学业终于有了很大的进步，与此同时，斯蒂克的内心也开始一天天地充实快乐起来。

钢是在烈火和急剧冷却的水里锻炼出来的，所以才能坚硬；幸福也是从生活的希望中萌发出来的，所以才美好。人有希望，走进深林，可以感受鸟语花香的喜悦；走进旷野，可以想象丰收时的欢乐；而在品尝了生活的百味后，总能感受到别样的幸福情趣。

做幸福的主人

女人要获得幸福，首先要做幸福的主人，而不是苦苦期盼它的到来。真正的幸福不在于客观条件，而在于人们的心态，所以要做幸福的主人，必须具备驾驭幸福的能力，并最大程度地提高自己的幸福感。

生活也许不能尽如人意，但只要你能做幸福的主人，终究能驾驭幸福，享受幸福。

做幸福的主人要尽力克服愤怒、烦恼、后悔、忧虑、孤独等情绪，让自己的内心轻松！记住，愤怒是用别人的错误惩罚自己，烦恼是用自己的过失折磨自己，后悔是用无奈的往事摧残自己，忧虑是用虚拟的风险惊吓自己，孤独是用自制的枷锁禁锢自己，自卑是用别人的长处贬低自己。做幸福主人不是给别人看的，而是让自己确实拥有幸福，也就是说，要把幸福牢牢地掌握在自己手中。

下面的幸福选项，你会选哪些呢？

A. 甜蜜的爱情。

B. 高薪的工作。

C. 宽大的房间。

D. 年轻的面容。

E. 充裕的金钱。

F. 充足的时间。

G. 可爱的孩子。

H. 姣好的身材。

有人说都选，但都选也未必能让你拥有真正持久的幸福感，因为幸福感的来源不是外物，而是人的内心。女人要做幸福的主人，就要把幸福的钥匙掌握在自己手里。

一位女士抱怨道："我活得很不快乐，因为先生常出差不在家。"她把幸福的钥匙放在先生手里。

一位妈妈说："我的孩子不听话，叫我很生气！"她把幸福钥匙放在孩子手中。

一个职员说："我的上司不赏识我，所以我情绪低落。"他

把幸福钥匙塞在老板手里。

一个婆婆说："我的媳妇不孝顺，我真命苦！"婆婆的幸福钥匙在儿媳妇手中。

一个年轻人从商店走出来说："那位老板服务态度恶劣，把我气坏了！"他把幸福钥匙给了商店老板。

上述这些人都做了相同的决定，那就是让别人来控制他们的心情，把幸福的钥匙交到别人手中。

女人做自己幸福的主人，就是要有自我调控情绪的能力。有些女人常常把一切不幸归咎于外物或周围的人，似乎承认自己无法掌控自己的内心，只能可怜地任人摆布，这样的女人其实是无法接近幸福的，而"幸福"对她们也是敬而远之。

凯斯·戴莱生就一副好嗓子，一心想当歌手，但她的嘴巴太大，还有几颗暴牙。初次登台演出时，她极力掩盖自己的暴牙，殊不知，这给观众留下了滑稽可笑的印象。

一次，一位观众告诉她："不要介意你的暴牙，你应该尽情地张嘴演唱，让观众看到你真实而大方的样子，相信他们一定会更喜欢你。说不定你那暴牙还会为你带来好运呢！"

在大庭广众之下，一个歌手挑战自己的缺陷是需要勇气的，但凯斯·戴莱还是接受了这位观众的忠告。从此，她尽情地张开嘴巴，发挥出自己的实力，终于成为美国娱乐界的大明星。

做幸福的主人，就是要能抓住幸福，全身心地沉浸在幸福之中。

从前有一个小孩，他生来便相貌丑陋，等到能说话的年龄时还有口吃的毛病，这是因为他患了某种疾病而导致左脸局部麻痹，嘴角畸形，讲话时嘴巴总是歪向一边。受嘴影响，他有一只耳朵听不见声音。

为了矫正自己的口吃，这个孩子模仿他听到的著名演说家林肯克服口吃毛病的方法：林肯小时候也有口吃的毛病，说话说不清楚，在别的玩伴眼里还是一个智障儿，但他不服气，每天跑到无人的海滩边练习说话，他在嘴里放一颗小石头，每天就含着一颗小石头对着大海练习说话的技能。随着年岁的增长，林肯的口吃毛病终于被改正，取而代之的是他一流的演说才能。

这个孩子模仿林肯在嘴里放一颗小石头练习说话。数月之后，看着嘴巴和舌头被石子磨烂的儿子，母亲流着眼泪抱着他，心疼地说："不要练了，妈妈一辈子陪着你。"懂事的他替妈妈擦着眼泪说："妈妈，书上说，每一只漂亮的蝴蝶，都是自己冲

破束缚它的茧之后才变成的，我要做一只美丽的蝴蝶。"他的努力没有白费，他终于彻底摆脱了口吃的毛病，说话就像其他人那样流利。由于勤奋和努力，在中学毕业时，他不仅取得了优异的成绩，还获得了很好的人缘。

1993年10月，他参加全国总理大选。他的对手用心险恶地利用媒体夸张地指责他的脸部缺陷，然后配上这样的广告词："你们要这样的人来当你们的总理吗？"但是，这种极不道德的、带有人格侮辱的攻击激起了大多数选民的愤怒和谴责。而且他的成长经历被人们知道后，他还赢得了大多数选民的同情和尊敬。

他在演讲中说道："我要带领国家和人民成为一只美丽的蝴蝶。"这句竞选口号感染了所有在场的观众，使他以高票数当选为总理，并在1997年再次获胜，赢得连任总理的机会，人们也因为记住了他的"美丽的蝴蝶"的口号而亲切地称他为"蝴蝶总理"。

这位"蝴蝶总理"是谁呢？他就是加拿大第一位连任两届的总理克雷蒂安。

可见，做幸福的主人并不是一句空话，而是要落实在实际行动上，这些行动，虽然可能要经历艰辛痛苦的考验，但只要内心强大，用自己的努力一定会留住幸福的脚步。

人人都有追求幸福的权利

人人都有追求幸福的权利，只要你想做，就能做到。美国第二十任总统就给我们证明了这个道理：

在春天的某一天，一个衣着破旧的男孩出现在美国俄亥俄州一位非常有名气的农场主泰勒先生门前。男孩非常诚恳地请求泰勒先生给他一份工作，并表示无论什么工作，他都会尽全力做好。泰勒先生见男孩举止稳重、言辞恳切，感觉不像是个浮躁懒惰的男孩，便同意了男孩的请求。泰勒先生给了男孩一份相当繁重的工作——负责整个农场的杂务工作。

泰勒是当地一位极为成功的农场主，他的农场规模在俄亥俄州首屈一指。这么大一家农场，杂务多得令人难以想象：挤牛

奶、修剪树木、收拾残汤剩饭、清扫猪圈、喂猪……但男孩没有让泰勒先生失望，他以他的勤快、认真和高效从容应对农场的烦琐杂务，将农场打理得井井有条。男孩不仅让泰勒先生极为满意，也引起了泰勒先生的女儿琼丝的注意。

一天晚上，琼丝小姐散步路过杂货仓，她知道男孩到农场后就住在这里，当她看到杂货仓里露出微弱的灯光后，就好奇地趴在窗户上想看看男孩在干什么。她惊讶地发现，男孩在一天的劳累之后，居然专注地在油灯下读书。琼丝走进货仓，发现原先杂物横陈、脏乱不堪的货仓被他收拾得干干净净，男孩正在读一本高中课本。他告诉琼丝，他父亲在他很小的时候就去世了，所以，他只能边打工边学习。

男孩还告诉琼丝，等他在农场里挣够了学费，他就去上大学。时间一天天过去，男孩的勤奋、好学、聪明，以及他的远大抱负，都深深地打动了琼丝，而男孩也在不知不觉间被美丽善良又温柔的琼丝所吸引。

终于有一天，在琼丝的一再鼓励下，男孩向泰勒先生表达了他对琼丝的爱慕之情。泰勒先生一听惊呆了，一个穷得叮当响的小子，居然敢追求他的宝贝女儿，这简直是对他的侮辱。尽管男孩向泰勒先生保证：他一定要让琼丝过上幸福美满的生活，而且他坚信自己有这个能力。但泰勒先生对男孩说道："我承认你是个好小伙，但是我决不会让我的女儿嫁给一个一贫如洗、没有任何社会地位的人。"

男孩表示这只是暂时的现象，通过他的努力，一定能改变这种状况的。泰勒先生讽刺道："你知道我的农场发展到今天的规模花费了多长时间吗？这是从我爷爷开始三代人努力的结果啊。等你有钱、有地位的时候，琼丝恐怕也变成老太婆了。"无论男孩和琼丝怎么苦苦哀求，泰勒先生都无动于衷。伤心绝望的男孩默默地整理好自己的行李，向琼丝小姐洒泪辞别。

转眼35年过去了。时间到了1880年，泰勒先生已经是步履蹒跚的老人了，他让人拆掉了那间杂货仓，因为农场规模进一步扩大了，需要盖一间更大的货仓。在货仓里的一根木柱上，人们发现上面刻着这样一行小字：1845年春天，詹姆斯·艾布拉姆·加菲尔德在此打工。这个名字，包括泰勒先生在内的所有人都耳熟能详，因为，他刚刚当选了美国第二十任总统。

琼丝小姐由于父亲泰勒先生的顽固阻挠，与第一夫人的尊荣擦肩而过，虽然在父亲的撮合下，她与俄亥俄州一位州议员的儿

子结为连理，但几年后就郁郁而终，芳华早逝。

我们要相信自己的能力和价值，并深信自己一定能摆脱困境，追求到自己的幸福，这也是我们追求幸福的积极的人生态度。因为，幸福只属于有信心、有毅力、敢于追求的人。

1472年，在意大利佛罗伦萨市芬奇镇一座破旧的贫民窟里，一个年轻人浑身都是雨水，蜷缩在一个角落里。外面大雨滂沱，而这所房子正在风雨中飘摇。

这个年轻人曾经有过幸福的童年，他的父亲是一位有名的公证人。年轻人曾受过良好的教育，也有着明朗、活泼和积极向上的性格，他一直憧憬着自己将来能够出人头地，能够超越身边所有的年轻人，他把所有的梦想都凝聚到一支画笔上，希望通过自己的努力能够飞黄腾达。

但他10岁时，他的父亲喜欢上了一位富家的小姐，把所有的财产都给了她，只留下他和他的母亲流落街头乞讨。从此，他一无所有，只有母亲的谆谆教导和一个画家的梦伴着他。

三年后的一天，他的母亲在他的继父家里生了病，不久便永远离开了他。他画过许多画，也坐在街头出售过画，但所有人都不承认他的劳动成果。他感到自己前途渺茫，但为了自己依然鲜活的理想，他鼓励自己必须坚持下去。他曾想过去找他的生父，但犹豫过后还是没去。现在，他沦落到贫民窟，和穷人一起抢地铺，然后把自己扮成一个叫花子。

雨停时，他闻见一阵清香。对面是一家富人开的饭店，正是晚上吃饭的时间，他多想和那帮小乞丐一样凑上前去。忽然间，他发现在对面厨房的窗前放着一个鸡蛋，它是如此生动，那就是一种灵感，一种从内心深处闪现的原动力。他忘掉了饥饿，忘掉了寒冷，跑出了贫民窟，手里拿着他的画笔——他要临摹它，接下来的几天里，这成了他唯一的目标和工作。他每天掏出自己的画册，把那个鸡蛋当成一件艺术品，开始郑重地画出自己的作品。所有的小乞丐都围着他嘲笑，他就是达·芬奇。

自信心铸就了达·芬奇昂然向上的品格和坚韧不拔的精神，最终他不仅成为一个杰出的画家，他的艺术作品也永远载在世界艺术画廊里，而且他还成为一位非常著名的科学家。他牢牢抓住理想，不停地追求、奋斗，终于迎来了幸福的阳光。

第七章
经历风雨更能珍惜幸福

风雨过后见幸福

生活中，每一次挫折、每一次打击、每一次伤痛，都是上天给人最好的礼物；每一次逆境、每一次困难、每一次磨炼、每一次压力，都是个人成长最好的助推剂。苦难不是一成不变的，困境也不是永远的，如果你害怕吃苦，在苦难中一蹶不振，你将面临一事无成的不幸；如果你不愿正视苦难，只是一味地逃避，那么你将在无形中失去很多宝贵的幸福；如果你昂扬向前，幸福的希望就会永远闪动着，不断激励你前行；如果你面对苦难粲然微笑，生活必会回报你芬芳的幸福……

贝多芬说过："苦难是人生的老师，通过苦难，人才能走向成功。"

梵高说："逆境意味着苦难，当人们面临逆境时，往往会陷入悲观、绝望的旋涡中。要冲破逆境，最终达到顺利的彼岸，首先需要吃得苦中苦，永远怀有希望和信心，坚持宠辱不惊的正确态度。"

孟子说："天将降大任于斯人也，必先苦其心志，劳其筋骨，饿其体肤，空乏其身，行拂乱其所为。"

中外很多伟人都曾历经苦难、逆境，苦难、逆境虽然是人不愿碰到的，但它们会给人以宝贵的磨炼机会。所以它们是人成长道路上最宝贵的财富之一。

很多时候，人们之所以认为自己不幸，是因为不愿意吃苦受难，可是，人只有通过经受痛苦和困境的考验，才能体会得到欢乐和幸福的滋味。

一位母亲和她的两个孩子背井离乡，辗转各地，好不容易得到某一家人的同情，把一个仓库的一角租借给他们母子三人居住。在只有三张床大小的空间里，她铺上一张席子，放进一个没有灯罩的灯泡、一个炭炉、一个吃饭兼孩子学习两用的小木箱，还有几床破被褥和一些旧衣服，这是他们的全部家当。

为了维持生活，母亲每天早晨6点离开家，先去附近的大楼

做清扫工作，中午去学校给学生分发食品，晚上到饭店洗碟子，结束一天的工作回到家里已是深夜十一二点钟了。于是，做家务的担子全都落在了大儿子身上。为了一家人能生活下去，母亲披星戴月，从没睡过一个安稳觉。他们就这样生活着，半年、8个月、10个月……做母亲的哪能忍心让孩子这样苦熬下去呢？她曾想到了死，想和两个孩子一起离开人间，到丈夫所在的地方去，但又不忍心。

有一天，母亲泡了一锅豆子，早晨出门时，给大儿子留下一张条子："锅里泡着豆子，把它煮一下，晚上当菜吃，等豆子煮软时少放点酱油。"这天，母亲干了一天活，疲惫不堪，彻底失去了活下去的勇气，于是，她偷偷买了一包安眠药带回家，打算当天晚上和孩子们一起死去。当她打开房门，见两个儿子已经钻进席子上的破被褥里，并排入睡了。忽然，母亲发现哥哥的枕边放着一张纸条，便有气无力地拿了起来。上面这样写道："妈妈，我照您条子上写的那样，认真地煮了豆子，豆子烂时放进了酱油。不过，晚上盛出来给弟弟当菜吃时，弟弟说太咸了，不能吃。弟弟只吃了点冷水泡饭就睡觉了。妈妈，实在对不起。不过，请妈妈相信我，我的确是认真煮豆子的。妈妈，求求您，尝一粒我煮的豆子吧。妈妈，明天早晨不管您起得多早，都要在您临走前叫醒我，再教我一次煮豆子的方法。妈妈，今天晚上您也一定很累吧，我心里明白，妈妈是在为我们操劳。妈妈，谢谢您。不过请妈妈一定保重身体。我们先睡了。妈妈，晚安！"

泪水从母亲的眼里夺眶而出。"孩子年纪这么小，都在顽强地陪着我生活……"母亲坐在孩子们的枕边，伴着眼泪一粒一粒地品尝着孩子煮的咸豆子。一种必须坚强地活下去的信念从母亲的心里生长出来。妈妈摸摸装豆子的布口袋，里面正巧剩下倒豆子时残留的一粒豆子。母亲把它捡出来，包进大儿子给她写的信里，她决定把它当作宝贝带在身上。

后来，母子三人摆脱了困境，慢慢过上了平凡人的生活。

所以，无论你身处的环境有多苦，都不要放弃自己的理想，只要坚持下去，就一定会收获幸福。

贫穷能使人们看见许多东西，也使人们看不见许多东西。如同，假如没有黑夜，人们便看不见闪亮的星辰。因此，即使曾经一度经历难以承受的痛苦磨难和贫穷的日子，也不要失去追求幸福的信念，贫穷不是完全没有价值的，它会使人们的意志更坚定，思想、人格更成熟。

20世纪80年代初的加拿大卡尔加利还是一个小城市，那时当地的经济发展情况并不太好，法伊娅找工作无果，就开始为一个私人雇主编写程序。但6个月后她前往雇主家中结算工资，发现雇主已人去楼空，过去几个月的工作完全白费，工资报酬一分没拿到。

但虽然没有报酬，这第一份工作却成了她日后工作的敲门砖。法伊娅此后开始做编程工作，其间也换过几家公司，经过多年的努力和经验积累，她做到了贝尔加拿大地区的副总裁。十多年后，她在机构重整中和其他20多位副总裁一同被请出大门。她却坦然说道："这只是我职业生涯中的一次改变。"

她笑言："我终于可以休一个长假了，我准备好好调整身心，再去应聘下一份工作。"她把这次变化看作新的机遇和挑战，她不惧怕失业，她仍能去做一些自己真正喜欢做的事情。

这位幸福的成功女性，从一句英文都不会的留学生到加拿大最大的电话通信公司的副总裁，她用自己的经历告诉我们，只要不怕艰难险阻，任何人都能追求幸福。

幸福的梦想需要自信点亮

一个人要追求幸福，靠的是信心。人有了信心，就会产生追求幸福的坚强信念和意志力。在强者与弱者之间，在幸福者与不幸者之间，最大的差异就在于意志力的差异。人一旦有了信心，有了意志力，就具备了追求幸福的潜质，就能做成他想做的任何事情。

"你若不想幸福，会找到一个借口；你若总想幸福，会找到一个方法。"不要一味地羡慕别人的幸福，通过坚持不懈的努力，你也完全可以拥有幸福。女人要不断地提醒自己，幸福生活从自信开始。自信能使一个人成为上进、快乐、健康、善良的人，自信会让一个人拥有幸福的人生。

自信是放下消极心态做"最好的自己"，自信能让积极打败消极，让高尚打败鄙陋，让真诚打败虚伪，让宽容打败狭隘，让快乐打败忧郁，让勤奋打败懒惰，让坚强打败脆弱……女人只要自信，完全可以做"最好的自己"，过幸福的生活。只有自信可以让人战胜软弱，拥有获得幸福的能力！

那么，怎样才能建立自信呢？

人要建立自信，首先要放下抱怨，因为抱怨只能阻碍人成功的步伐。如果你失败了，也不要失去自信，要知道所有的失败都是在为成功做准备。放下抱怨，心平气和地接受失败，总结经验，以利再战，这才是面对失败的正确态度。抱怨无法改变现状，拼搏才能带来幸福的希望。只要保持自信，就总有得到幸福的那一天。

自信就是放下犹豫，立即行动；自信就是坚定信念，不要优柔寡断；自信就是选准了一个幸福的方向，只往前走，不轻易回头。幸福有时像闪电，只有快速果断，才能将它"捕获"。

小丽读书时网球打得不好，所以总是不敢与人对战，至今她的网球技术仍然很蹩脚。小丽有一个同班同学，开始她的网球比小丽打得还差，但她不怕失败，越是输越多打，后来竟成为学校网球队队员，代表学校去参加联赛。

成功是令人羡慕的，出丑总使人感到难堪，但是成功是在无数次出丑中练就的。小丽不敢出丑，最终没有成为网球能手。

那些勇敢地去做自己想做的事的人们是值得赞赏的，即使有时在众人面前出了丑，他们还是洒脱地说："哦，这没什么！"他们在没学会"反手球"和"正手球"时，就勇敢地走上球场；他们在还没学会基本舞步时，就走下舞池寻找舞伴；他们在没有学会屈膝或控制滑板时，就勇敢地站上了滑道。自信让他们获得了内心的幸福和快乐，也让他们在勇敢的尝试中获得成功。

红红只会说一点点法语，却毅然一个人飞往法国去旅行。虽然人们曾告诫她：就你那点法语还敢去法国。但红红不仅去了，还在展览馆、咖啡店、爱丽舍宫用自己的那点法语与人交谈。

红红不怕结结巴巴、不怕语塞出丑吗？一点也不。因为红红发现，当法国人对她使用的语法大为震惊之后，许多人都被她的勇敢和热情所感染，主动地向她伸出手来帮助她，双方都得到了极大的快乐。

正视你的缺点，有助于提高自信，并逐步克服缺点，最终迎来幸福与成功。

有一天，龙虾与寄居蟹在深海中相遇，寄居蟹看见龙虾正把自己的硬壳脱掉，露出娇嫩的身躯。寄居蟹非常紧张地说："龙虾，你怎么可以把唯一保护自己身躯的硬壳也放弃呢？难道你不怕有大鱼一口把你吃掉吗？以你现在的情况来看，连急流也会把你冲到岩石上去，到时你不死才怪呢！"

龙虾气定神闲地回答："谢谢你的关心，但是你不了解，我们龙虾每次成长，都必须先脱掉旧壳才能生长出更坚固的新壳，现在面对的危险，只是为了将来发展得更好而做的准备。"寄居蟹细心思量了一下，发现自己整天只找可以躲避的地方，而没有想过如何令自己成长得更强壮，所以才成了现在的样子。

自信是人类最宝贵的勇气，有了自信，哪怕身体有残疾，也能幸福生活。

美国著名盲聋作家、教育家海伦·凯勒，小时候患上了猩红热，重病夺去了她的听力和视力。由于失去听觉，她不能正常发音，说话也含糊不清。对于一个残疾人来说，世界是一片黑暗和寂静，要学会读书、写字、说话，简直是不可能的事。

但是，海伦·凯勒没有向命运屈服。她每天用3个小时自学，再用1个小时的时间将自己所学的知识默写下来。剩下的时间她运用学过的知识练习写作。

在学习与记忆的过程中，海伦只有一个信念：自己一定能把所学习的知识记下来，使自己成为一个有用的人。她每天坚持学习10个小时以上。经过长时间的刻苦学习，还有不屈不挠的信心，她掌握了大量的知识，能熟练地背诵大量的诗词和名著的精彩片段。到后来，一本20万字的书，她用9个小时就能读完，并能记忆下来，说出每章每节的大意，还能把书中精彩的句、段、章节和自己对文章的独到见解写出来。

经过学习，海伦突破了识字关、语言关、写作关，先后学会了英、法、德、拉丁、希腊五种语言，出版了14部著作，受到社会各界的赞扬与褒奖。1959年，联合国发起了"海伦·凯勒运动"，号召全世界人民向她学习。

每个人都渴望得到幸福，而幸福的梦想需要自信点亮。纵观古今中外，很多幸福的奇迹都是那些自信的人创造的。所以，不要再烦恼生活不幸福，不要认为生活辜负了你，其实，只要拥有追求幸福的自信，总有一天能收获幸福。

幸福的琴弦靠自己弹奏

弹奏幸福的琴弦其实并不难，但需要好的心态。幸福就在我们每一天的努力里、每一分钟的爱里、每一秒钟的期待里。幸福是和你相爱的人相濡以沫，是和朋友在一起谈天说地，是和亲人在一起朝夕相处，其乐融融。

有一只幼蛾向妈妈抱怨："为什么我们不能像蝴蝶一样有美丽的外表，赢得别人的欢心呢？"母蛾温柔地说："孩子，在大自然的生态中，我们扮演的角色十分重要，我们担负的责任是其他生物不能取代的。我们多在夜间活动，那些夜晚开花的植物需要靠我们来传播花粉，所以美丽的外表对我们来说并不重要，重要的是我们尽了自己的职责，对整个大自然有所贡献。你应该为此感到骄傲和幸福啊！"

女人在嘈杂纷繁的环境里，弹奏幸福的琴弦时要心静如水，因为只有在宁静中你才能感受到弹拨幸福的琴弦是快乐的。

有一个叫琼斯的男孩，曾经跟随父亲在威斯康星州经营一家农场。由于市场不太景气，农场的收入只能勉强维持全家人的生活。琼斯身体强健，干活儿时认真勤勉，却从来不敢妄想拥有巨大的财富。

然而，在一次意外事故中，琼斯瘫痪了，再也无法下地劳动。亲友们都认为他这辈子完了！虽然亲友们没有在琼斯面前议论，但琼斯还是感到一种压力。

琼斯躺在床上，身体瘫痪，无法正常劳动，但他的意志力却丝毫不受影响，他积极地思考自己能做点什么。他决定让自己活得充满希望、乐观、开朗，做一个有用的人。后来，经过思考，他把自己的设想告诉家人："我的双手不能工作了，所以我要开始用大脑工作，由你们代替我的双手。我认为农场应全部改种玉米，用收获的玉米养猪，趁着乳猪肉质鲜嫩的时候灌成香肠出售，一定会畅销！"不久，"琼斯乳猪香肠"新鲜上市，果然一炮打响，很快成为家喻户晓的美食。琼斯一家由此走上成功

之路。

连这样身患残疾的人都能弹奏好幸福的琴弦，我们为什么不行呢？

童话大师安徒生有一则名为《老头子总是不会错》的故事，可以很好地诠释弹奏幸福琴弦应该具备的心态。

在偏僻的乡村里有一对清贫的老夫妇，有一天他们想把家中唯一值钱的一匹马拉到市场上去换点更有用的东西。于是，老头就牵着马去赶集了，他先把马换了一头母牛，然后又用母牛换了一只羊，又把羊换成了一只肥鹅，又把肥鹅换成了母鸡，结果最后他又用母鸡换了别人的一袋子烂香蕉。当他扛着那一袋子烂香蕉来到一家小酒店歇脚时，正好遇上两个英国人，就和他们闲聊。

聊天中他把自己赶集的经过讲给了英国人听，结果这两个英国人听后哈哈大笑，说他回去肯定要挨老婆子一顿骂。老头子却声称："绝对不会，我们有香蕉馅饼吃，会很幸福。"

英国人说："这也叫幸福？我们来打赌，赌金为一袋金币。"于是二个英国人随同老头子一起回了家。

老太婆一见到老头子回来了非常高兴，她兴奋地听着老头子讲赶集的经过。老头子说他在每次的交换中，都想给老伴一个惊喜。所以，他才会一换再换。每次老头子讲到用一种东西换了另一种东西时，老太婆都充满了对老头子的钦佩之情。当听到换了奶牛时，她就笑着说："哦，我们有牛奶了，多么幸福啊！"听到换成了一只羊时，她就说："羊奶也同样好喝，这同样幸福。"听到把羊换成了肥鹅时，就说："哦，多幸运啊，鹅毛多漂亮！"听到把肥鹅换成了母鸡时，又说："哦，我们有鸡蛋吃了！"最后听到老头子说只背回一袋已经开始腐烂的香蕉时，她同样高兴地大声说："我们今晚就可以吃到香蕉馅饼了，太好了！"

结果自然是不言而喻的，两个英国人因此而输掉了一袋金币。

心态好，何愁幸福不来？即使得到的只是一袋烂香蕉，也能把它做成味道鲜美的香蕉馅饼。幸福的琴弦就在每个人心中，只要有乐观向上的心态，每个人都能弹奏出美妙动听的幸福乐章。

收获幸福从播种好习惯做起

　　人的习惯是由于重复或练习而巩固下来并变成需要的行为方式。女人的幸福是从播种好习惯开始的，比如刚开始进行体育锻炼时觉得很难，而成为习惯后，就能充分享受运动带来的乐趣。

　　那么，如何让幸福成为我们的习惯呢？首先要使快乐变成一种心理习惯。女人能够时时处处寻找快乐，发现快乐，就会把快乐变成一种习惯。即使在不顺心的时候，在遇到令人难过的事或无法避免的困难的时候，如果也能以愉快的心情来对待，那么，任何困难都可能变得微不足道，而且会成为日后幸福的源泉。

　　让女人幸福的好习惯有很多，比如有礼貌，比如有好的品德，比如修炼优雅气质。

　　有位50多岁的大姐每次接老公电话，首先会说一句"你好"。周围人打趣道："大姐，你结婚这么多年了，还和老公这么客气啊？"大姐笑了："这不是客气，这是礼貌。"

有些人不以为然："哎呀，真麻烦！老公又不是外人，哪有这么多事？我跟我们家那位就是直来直去的，没那么多客套。""是啊，时间长了，也就不注意了，感觉反正都是一家人，没什么可客气的。"

大姐摇摇头，认真地说："不管对谁，都要有礼貌。你对别人能做到，对自己最亲的人就更应该做到！其实，婚姻里有了礼貌，也就有了和谐幸福。"听她这样一说，大家都不说话了，陷入了沉思。

还有一位朋友，与丈夫两地分居。每次丈夫来电话，她也是先说一句"你好"，最后还要说"再见"。周围的人很不理解，便问她："你怎么和老公还这么客气啊？"

她很平静地答道："这应该是接电话时最基本的礼貌吧。"周围的人更为不解："可你是在和自己的老公通电话啊！"

她笑着说："是啊，你想啊，不管是谁给你打电话，听到对方一句问候的话，你的心里不高兴吗？别人我还问候呢，何况是自己的老公，我更应该问候他啊！"

一般来说，对外人的礼貌我们会注意，而对亲密无间的爱人却常忘记礼貌。谈恋爱的时候，大家彼此礼貌客气，两人约会时总是心情愉快；结了婚以后，不少人就会认为：都是"自己人"了，还需要客气什么？客气反而会让两人的关系疏远。殊不知，这样做会让夫妻之间的幸福感大减。而夫妻间如果形成了有礼貌的好习惯，彼此之间会更加相亲相爱。

这就如同"刺猬效应"，粗鲁无礼会毁了婚姻的美好，太亲近了会刺伤对方。把礼貌带进婚姻，不仅不会疏远彼此的感情，反而有助于爱情的保鲜。

所以，不管别人为我们付出多少，都不是理所应当的，他们的付出是情感与爱的无私奉献，有了奉献还要有礼貌的交流，才会有彼此的幸福。婚姻中多一点礼貌，就会多一点尊重；多一点和谐和理解，就会少一些蛮横或无理，有礼貌的婚姻会有幸福的生命力。

幸福的好习惯也离不开微笑，女人微笑，世界也微笑，这样，你就必然经常收获人们友好的笑容。每天多微笑几次，不仅对熟悉的人，也可以对陌生人，这样大家都会快乐。

幸福的好习惯还来自于修炼的气质与拥有的美德，气质和美德是女人幸福生活的保证，它会给人带来心灵的满足感。优雅的气质不仅会给女人增添魅力，还会让女人增添自信；而好品德会让女人与人为善，受到他人的欢迎。

人的一生，能让自己幸福的好习惯很多，比如做事规矩，执行规范，遵守规定，物品摆放得整整齐齐，车子停得规规矩矩，身边环境干干净净……

人都是不完美的，但幸福是个宽容的智者，如果你改掉了坏习惯，它就会走近你。

有两个人，一个是体弱的富翁，一个是健康的穷汉。两人相互羡慕着对方：富翁为了得到健康，乐意出让他的财富；穷汉为了成为富翁，随时愿意舍弃健康。

一位闻名世界的外科医生通过手术让富翁和穷汉交换了脑袋。其结果是：富翁变穷，但得到了健康的身体；穷汉富有了，但却病魔缠身。不久，成了穷汉的富翁由于有了强健的体魄，又有着成功的意识，渐渐地又积累起了财富。可同时，他总是担忧着自己的健康，久而久之他又回到了以前那种富有而体弱的状况中。而另一位身体羸弱的新富翁虽然有了钱，但他总是忘不了自己是个穷汉，有着失败的意识。他不断地把钱浪费在无用的事情

上，不久他又变成原来的穷汉。可由于他无忧无虑，疾病也不知不觉地消失了，他又像以前那样有了一副健康的身体。最后，两人都回到了原来的模样。

改掉坏习惯是一种智慧，也是一种突破，幸福的好习惯可以通过自己的努力获得，有了好习惯才会有真正的幸福感受。

一个女人，好的好习惯越多，幸福越多，自己越充满活力。相反，坏毛病多，而且一直不肯改正，那么幸福也不会来临。

昨天的习惯造就了今天的我们，而今天的习惯决定了我们明天的幸福。为了实现最终的幸福，我们必须认清追求幸福的过程中有很多困难和挑战，要不断地养成好习惯来代替坏习惯，直到好习惯成为我们生活中的一部分。要给自己充足的时间和精力培养好习惯，只要坚信幸福是从播种好习惯开始并持之以恒地与坏习惯斗争，就一定能得到好习惯。

有个人得到了"点金石"的秘密。"点金石"就在大海的海滩上，和成千上万颗与它看起来一模一样的小石子混在一起，但"点金石"摸上去很温暖，普通的石子摸上去是冰凉的。

这个人变卖了财产，买了一些简单的装备，开始检验那些石子。他知道，如果他捡起一块普通的石子并且因为它摸上去冰凉就将其扔在地上，他有可能几百次地捡拾起同一块石子。

所以，当他摸到冰凉的石子时，他就将它扔进大海里。他就这样干了一整天，却没有捡到一块"点金石"。然后他又这样干了一个星期，一个月，一年……他还是没有找到"点金石"。

但是，有一天上午他捡起了一块石子，这块石子居然是温暖的，可他仍随手把它扔进海里——他已经形成了一种"扔"的习惯，把他捡到的所有石子都扔进海里，以至于当他真正想要的那一块石子到来时，他也还是将它扔进了海里！

坏习惯会成为人迈向幸福的障碍，会让人失去握在手里的机会。所以，人只有不断改变自己的不良习惯，才可以完善自己，赢得幸福的人生。与坏习惯做斗争可能会很困难，但越是困难，越要咬紧牙关，这样才可以走向幸福的人生。

人不可能控制自己生命的长短，但可以靠改掉坏习惯提高生命的品质；人不可能控制天气的好坏，但人可以靠改掉坏习惯改变自己的心情；人不可能改变自己的容貌，但人可以靠改掉坏习惯来充实自己幸福的心灵。

从现在做起，为培养好习惯付出努力，相信在不久的将来幸福就会散发出迷人的光彩，笼罩着你。

幸福的彩虹靠自己来画

在漫长的人生旅程中，固然有许多称心如意的事，但是不如意的事情也是无法避免的。

一个小和尚整天念经念烦了。一天夜里，他做了一个奇怪的梦：他梦见自己走在通往一座金碧辉煌的宫殿的路上。宫殿的主人请求他留下来居住。

小和尚说："我天天忙于念经，现在只想吃、睡，我讨厌看书。"

宫殿主人答道："若是这样，那么世界上再也没有比这里更适合你居住的了。我这里有丰富的食物，你想吃什么就吃什么，不会有人来阻止你。我这里有舒服的床铺，你想睡多久就睡多久，不会有人来打扰你。而且，我保证没有经书给你看，也没有任何佛法要你领悟。"

小和尚高高兴兴地住了下来。开始的一段日子，小和尚吃了睡，睡了吃，感到非常快乐。渐渐地，他觉得有点寂寞和空虚，于是就去见宫殿主人，抱怨道："这种每天吃吃睡睡的日子过久了也没有意思，我对这种生活已经提不起一点兴趣了。你能否给我找来几本经书，给我讲讲佛法的故事？"

宫殿的主人答道："对不起，我们这里从来就不曾有过这样的事。"又过了几个月，小和尚实在忍不住了，就去见宫殿的主人："这种日子我实在受不了。如果你不给我经书，不让我聆听佛法，我宁愿去下地狱，也不要再住在这里了。"宫殿的主人笑了："你认为这里是天国吗？这里本来就是地狱啊！"

人不可轻视自己的力量，如同长流的细水可以滴穿坚硬的石头，柔弱的小草可以改变大地的颜色。所以，人敢于经历风雨，就一定能见到幸福的彩虹。

幸福的背后隐藏着战胜痛苦的努力和历经艰辛的旅程。

人生途中，有些命运是无法逃避的，有些环境是无法更改的，有些苦难是难以磨灭的……与其被动地承受，不如勇敢地努

力面对；与其寄居檐下，不如展翅高飞；与其在沉默中压抑自我，不如在努力的抗争中爆发……阻力与艰险不可避免，但只有经历了风雨的考验，更精彩的幸福才会到来。

畏首畏尾的人在生活中是不能掌握自己命运的，只有内心强大的人才会赢得幸福。

在滑铁卢战场上，法军与英军展开激烈鏖战。就在双方僵持不下的时候，法军统帅拿破仑需要一支军队来支援。实际上，在法军的不远处，就有这样一支队伍，而这支军队的统帅是格鲁希元帅。

格鲁希是位循规蹈矩、墨守成规出了名的人。他手中统领着法国1/3的军队，但他的任务是在战斗打响之后追击普鲁士军队，防止普鲁士军队与英军会合。格鲁西并没有意识到整个法军乃至整个战局的发展都掌握在他的手中，他仍旧按照战前制订的计划去追击普鲁士军。但是，敌人始终没有出现，被击溃的普军撤退的踪迹也始终没有找到。就在这个时候，拿破仑的军队与英军激战正酣，在所有人都认为应该增援拿破仑的时候，格鲁希犹豫了。长期以来，他习惯了唯命是从，在他的意识里面，他就是要执行拿破仑的命令。虽然副手给予了他一定的建议，但是他拒绝了。他心中只有成文的命令，而没有战场的实际形势。

正是这个意识决定了他的命运，也决定了拿破仑的命运，甚至决定了整个欧洲的命运。在法军节节溃败时，拿破仑怒问苍天："格鲁希在哪里，他究竟待在什么地方？"

人只有敢于经历风雨，始终保持从容不迫，以积极乐观的心态面对世间的一切，才能使自己的品性不断得到升华，使自己的事业不断获得成功。

一个大学毕业生应聘到大酒店上班，这是她步入社会的第一份工作，这令她很激动，于是她暗下决心：一定要好好干，让自己迈出辉煌的第一步。然而，令她万万想不到的是：上司竟安排她去洗刷马桶！洗刷马桶的工作，大多数人都是不愿做的，更何况对于她这个刚毕业的女大学生来说，心理上的失落是可想而知的。

当她试着用白皙细嫩的手把抹布伸向马桶时，胃里立即翻江倒海，想吐却又吐不出来，这感觉简直是太难受了。然而，更令人难以忍受的是，上司要求她必须将马桶洗刷得光洁如新！对于一个大学生来讲，这一工作真的难以实现什么"人生理想"。在困惑、苦恼、沮丧之余，她的眼泪不知不觉地淌了下来。此时的她面临着两种选择：要么继续干下去，要么另谋职业。继续干下

去，真是太难了；另谋职业，等于知难而退，在职场之路的起步阶段就打退堂鼓，她又不甘心就此败下阵来。

她想起当初立下的决心：职场第一步一定要走好，千万不可马虎！

就在她在人生的十字路口举棋不定、彷徨犹豫的时刻，已经工作多年的一名老员工，及时地出现在她面前，帮助她摆脱了困惑与苦恼。那个木讷的老人并没有滔滔不绝地给她讲什么空洞的大道理，只是亲手做了一次给她看。他弯下腰去一遍又一遍地刷洗着马桶，直到马桶的每个缝隙和每一个细处都找不到一丝污垢。当时，她看得目瞪口呆，同时她也恍然大悟："就算一辈子洗刷马桶，也要做一名洗刷马桶最出色的人！"风风雨雨的几十年后，她从一名洗厕工成长为日本政府的邮政大臣。她的名字叫野田圣子！

野田圣子以她的实际行动向我们证明了经历风雨对于获得幸福人生的意义。

愈挫愈勇，珍惜幸福

人生总会遇到挫折，会有低潮，会有不被人理解的时候。生活中的不幸对于脆弱的人来说是一场灾难，但对于坚强的人来说则是一次锻炼。在每一次风吹雨打后，坚强的人都会以积极的心态去迎接第二天的太阳，每一次苦难折磨都让他们更加清醒地去面对人生的各种问题，变得更加成熟和坚韧。

在人的奋斗历程中，挫折、失败或者天灾人祸都不可怕，愈挫愈勇才能更珍惜幸福。坚强的人不患得患失，而是把每一次挫折和失败当作一次锻炼，更加坚定自己的意志，更加增强自己的信心，他们对明天有希望，对今天有进取心，对昨天有平常心，他们保证今天比昨天前进一点点，一步一步地追求明天的幸福。

温斯顿·丘吉尔从担任英国海军大臣开始，始终位居权力中心，掌握着国家的命运。当然，他也竭尽心力发挥自己的才能。小时候，丘吉尔就立志当军人。后来，他终于如愿以偿，从陆军大学毕业后，他以职业军人的身份在英国陆军服役数年。他以行动果敢著称，甚至在26岁时就当选为议会议员。虽然他的一生看似平步青云，不过，他学生时代的学习成绩非常差，因为他轻视学习，尤其不认真学习外语和数学，成绩自然就差。在预备学校，他的成绩经常是班上最后一名。

后来，丘吉尔又3次参加陆军大学的入学考试，结果3次都落榜，直到第4次才考取。毕业后的他，发觉自己似乎什么都不懂。为了弥补自己的不足，丘吉尔下定决心以自学的方式提升自己的学识水平。当时，他是驻印度的军官，在酷热的下午，当其他军官都在睡午觉时，他潜心阅读各种书籍。几年后，他把这些知识一一呈现在他那行云流水的著作或演说中。后来，丘吉尔成为杰出的政治家及演说家。

愈挫愈勇的精神是获得幸福的基础和保证。愈挫愈勇的人善于学习，他们承认差距、正视差距，理解危机中包含着转机；他们不叹息、不沮丧，相信自己，把差距化为动力，在每一次的失败中不断进取，缩小差距去追求幸福的目标。他们珍惜幸福，决不放过任何一个机遇，他们不断争取进步、不断超越自己，追求幸福的人生！

美国的杰斯特·哈斯顿是一名黑人，而且是一个受人欢迎的"国宝"，他的歌曲在美国传唱甚广，在黑人灵魂音乐的创作上，他是世界级的顶尖高手，无人能及。

有一次别人问他说："杰斯特，你有没有遭受过种族歧视？""噢，我这辈子一直都受到歧视。不过，我认为自己不该被这些歧视所影响。虽然我无法完全释怀，但我从不记恨。"

有一次，在拉斯维加斯的万人演唱会上，杰斯特用真情演唱了一首《我的梦想在你那儿》。唱完之后，他很动情地说："我和大多数美国人一样，热爱我们这个国家，但是我的肤色却使我和有些人不同，这没关系，你们都是欣赏力极高的听众，肯定了我的歌唱能力，所以我为了你们的快乐唱出了梦想。"

说完，雷鸣般的呼喊声此起彼伏，杰斯特·哈斯顿积极乐观的人格魅力感染了众人，也为自己争得了荣誉。

愈挫愈勇就是一鼓作气、勇往直前，这样的精神在每一次迎接挑战时都适用，因为只有这样，人才会更加珍惜来之不易的

幸福。

鲁庄公十年的春天，齐国军队攻打鲁国，鲁庄公将要迎战。曹刿请求庄公接见。他的同乡说："大官们会谋划这件事的，你又何必参与呢？"曹刿说："大官们眼光短浅，不能深谋远虑。"于是他进宫去见庄公。曹刿问庄公："您凭什么跟齐国打仗？"庄公说："衣食这类生活必需品，我不敢独自占有，一定拿来分给别人。"曹刿说："这种小恩小惠不能遍及百姓，老百姓是不会听从您的。"庄公说："祭祀用的牛羊、玉帛之类，我从来不敢虚报数目，一定要做到诚实可信。"曹刿说："这只是小信用，不能让神灵信服，神是不会保佑您的。"庄公说："大大小小的案件，即使我不能件件都了解得清楚，但一定要处理得合情合理。"曹刿说："这是对人民尽本职的事，可以凭这一点去打仗。作战时请允许我跟您去。"

到了那天，鲁庄公和曹刿同坐一辆战车。在长勺和齐军作战时，庄公一上阵就要击鼓进军，曹刿说："现在不行。"齐军擂过三通战鼓后，曹刿说："可以击鼓进军了。"齐军被打得大败。庄公正要下令追击，曹刿说："还不行。"说完就下车去察看齐军的车印，又登上车前横木望了望齐军的队形，然后说：

"可以追击了。"

打了胜仗以后，鲁庄公询问取胜的原因。曹刿答道："作战靠的是勇气。第一次击鼓能振作士兵们的勇气，第二次击鼓时勇气减弱，到第三次的时候，勇气已经消失了。敌方的勇气已经消失而我方的勇气正盛，所以我们打败了他们。齐国是大国，难以摸清它的情况，怕有埋伏，我发现他们的车印混乱了，军旗也倒下了，所以才下令追击他们。"

"曹刿论战"是中国军事史上的一则经典案例，充分说明了越战越勇的哲理。

人生犹如一只在大海中航行的帆船，掌握帆船航向与命运的舵手便是自己。有的帆船能够乘风破浪、逆水行舟；有的帆船却经不住风浪的考验，过早地离开了大海或是被大海无情地吞噬。之所以会有如此大的差别，原因无非是舵手航船的态度不同。

愈挫愈勇的人心态始终乐观，即使在风口浪尖上也不忘微笑；而悲观抱怨的人，即使起一点风浪也会让他胆战心惊、畏缩不前。所以，人生路上，不怕风浪、愈挫愈勇的人能够到达胜利的彼岸。

压力再大不低头，幸福终将垂青你

科学研究证实，一定的压力有助于人的成长。人在生活中面对压力，能激发出内在潜能，使人发挥最佳表现并有所成就。

斯宾塞·约翰逊说得好："只要人在压力中养成凡事都看好的一面的习惯，其收获将胜过年薪1000英镑的收入。"人生的成功，不在于拿到一副"好牌"，而是怎样将"坏牌"打好。遇到任何困难、艰辛、不平，都不能逃避压力，因为逃避不能解决问题，只有用勇气和智慧把责任担负起来，才能真正从困扰中获得解脱。

有一个人在创业之初，天天喊生意不好做，月月抱怨收入甚微，到了年底，更是大呼要关门大吉。他说自己压力太大，实在没法承受了。后来一位朋友对他说："压力面前不低头，坚持下去就会迎来曙光。"这人一想，人哪有不能承受的压力呢？即使压力再大，只要有决心就什么都不怕，最难得的是下定决心去做某件事的勇气。从此，他咬牙坚持，不抱怨，不逃避。现在他已经渡过了创业的难关，开起了公司，也在自己的事业中实现了自己的幸福追求。

生活中，压力无时不有，任谁都无法避免。有的人面对压力一蹶不振，而有的人在压力下却能取得更大的发展。这其中的原因就在于，前者是悲观地面对压力，而后者面对压力能进行有效的自我调节。只要有压力再大不低头的决心，幸福终将垂青你。

压力如同一把双刃剑，人可以通过克服它争取幸福，它也可能给人带来伤害。很多人在面临压力时，往往手足无措，没有解决办法，其最主要的原因就在于人们从精神上及心理上拒绝压力，而不是认真地正视和正当地解决它。

其实那些感觉生活幸福的人，与其他人相比并没有什么两样，唯一不同的是，他们能够有条不紊地处理生活中的压力。

亚伯拉罕·林肯出生在一个一贫如洗的家庭，前半生都在面对挫败，8次选举8次落选，2次经商失败，甚至还精神崩溃过1

次，他能够承受这些失败的压力本身就已经是巨大的胜利了。有很多次他本可以放弃，但他并没有放弃，也正因为他没有放弃，因而最终成为美国历史上最伟大的总统之一。

纵观历史上的伟大人物，如太史公所言："文王拘而演《周易》；仲尼厄而作《春秋》；屈原放逐，乃赋《离骚》；左丘失明，厥有《国语》；孔子膑脚，《兵法》修列；不韦迁蜀，世传《吕览》；韩非囚秦，《说难》、《孤愤》；《诗》三百篇，大抵圣贤发愤之所为作也。"这些圣贤都是在经历挫折压力的洗礼后才成长起来。他们在艰难困苦面前有一种坚持的精神，最终做出了一番不朽的功绩，成为了伟人。

世事没有一成不变的，就像月亮有阴晴圆缺。太阳落下去了还会从东方升起，不幸的日子总有熬到头的那一天。人只要活着就要充满希望，而在压力面前不低头的决心，是一种正确的生活态度。人拥有了这种态度，就会开拓自己宽广的人生之路，而不怕压力，是成功人士做事的法则，有了这条法则，他们才会珍惜自己用努力获得的宝贵的幸福。

在压力面前，人应该保持镇静，学会从压力中找到"契机"。一个人能力再强，心理承受能力再好，也需要很好的人生态度来缓解自己面对的压力。人像一根弦，绷得太紧了，就会断掉。科学研究表明，人在面对巨大压力的时候，会产生兴趣下降、意识模糊等反应。因此，人要学会变压力为动力。

一个人的生活理应是多姿多彩的，那种在重压下感到忧郁、迷茫的人，往往都是缺乏自信的人。人要想得到真正的幸福，就要接受生活的磨炼和压力的挑战。一个人要学会善待自己，轻装上阵，放下压力，积极地调节自己的情绪，这样才不会被压力所打败，才能战胜压力，获得幸福。

幸福人生靠自己

奥斯特洛夫斯基说过："人的生命似洪水奔流，如果没有岛屿、暗礁，就难以激起美丽的浪花。"这句话形象地说明了人生路上有太多坎坷，然而正是这些坎坷成就美丽的人生。

每一个人的幸福因不同的体验而延伸，意志因磨砺而坚强，人生因不断进取与选择而精彩。人要幸福，就要在压力中平衡心理，在困境中坚持前行，在谦虚中充实内心，在追求中收获理想，在进取中完善自己。

人在艰难困苦的环境中，发牢骚、愤怒是正常的。比如在生活中或工作中不得志时，发发牢骚，减轻压力；遭人侮辱、受人诽谤时，愤怒会占据人的心灵。此时，消极情绪在所难免，这是人正常的反应。而当事业小成或生活在顺境中，越来越以自我为中心时，欲望多了，于是膨胀，得意之情表露出来，这往往为"跌跤"埋下伏笔。对于人生中的顺境和逆境，都应正确面对，要有胜不骄、败不馁的精神，坦然面对生活中的一切。

幸福的人生需要良好的心态，要接受各种考验，持续不懈地努力，才能走上幸福之路！

11岁的英国男孩比利·埃利奥特是电影中的一个传奇人物，在影片中，他想成为一位古典芭蕾舞舞蹈家，但他却面临着这样的挑战：他生活在一个极具男子气的家庭里，他家所在的小镇上的男人们都想成为具有男子汉气概的人，因而他家里人希望他能成为一个拳击手。比利的父亲和哥哥都是男子气十足的人，对他想成为舞蹈家的愿望十分厌恶，因为在他们眼里跳舞的男人和胆小鬼一样，所以，他们极尽所能地想打消比利的愿望，并且要把他变成一个"真正"的男人。

但是家人的反对并没有动摇比利的决心，比利仍追求他的梦想。最终比利赢得了去一所著名舞蹈学校学习的机会，这所学校能帮助他实现梦想。

最初，比利的家人不理解这个他们认为是完全荒谬的想法，

但过了一段时间，他们意识到比利是发自内心地喜欢这个行业，于是渐渐地在他追求梦想的过程中支持他。在这期间，他的父兄和他之间的隔阂也逐渐消除。最后，经过许多冲突和磨难之后，全家人团结一心共同支持比利成为舞蹈家的计划。

在比利追求梦想的过程中，他不放弃心中的理想，为理想努力奋斗。同时，在他获得家人理解和支持并化解与其父兄多年成见的过程中，一家人也体会到了理想与亲情的可贵。影片展示了无价的人生经验与教训，影片想表达比利及家人都是成功的，并且最终是幸福的。

人们往往只注重事情的结果，其实幸福感是在奋斗的过程中产生的。真正的幸福不是"怎样做成它"，而是"在做的过程中，人的内心有了什么变化"。一位母亲的做法就有力地向我们证明了这一点：

有一天，她和儿子一起种黄豆，她把种子埋得很深。过了几天，她带儿子去察看。他们翻开土壤，发现很多种子都生出了长茎，顶端是两瓣黄黄的嫩芽，柔弱的生命正在土壤的空隙中七拐八弯地往上生长，很快将要破土而出。

儿子惊讶地问她："妈妈，小苗长眼睛了吗？""没有。"

她回答。"那它们怎么知道都要往上长，而不往下长呢？""因为它们要寻找太阳，没有阳光，它们是不会长大的。"

"妈妈，要是没有阳光，我们人也长不大吗？"儿子再次问母亲。母亲说："孩子，是的，我们也要接受阳光的照耀。黑夜是短暂的，第二天太阳就会出来。"

是的，人的生命中时常会有失去阳光的日子，就像种子被埋在土里一样。但只要不放弃希望，努力向上，终能破土而出，得到太阳的温暖与光芒。

威廉·丹福斯的事业曾经有一个美好的开始。最初，他投身商界不久，就从一名推销员发展到了控股一家饲料公司，并把它改名为拉尔斯顿·布宁纳公司。由于美国畜牧业的大发展，这家经营饲料的公司前景一片光明，而踌躇满志的年轻的丹福斯也放开手脚想一展鸿图。

不料天有不测风云。1896年5月美国圣路易市历史上最猛烈的龙卷风，顷刻将这家公司夷为平地，也将丹福斯从顶峰推向谷底。这场横祸令丹福斯几乎一无所有，他的发展计划全部泡汤。然而这场"浩劫"也促使他日后放手一搏，为取得更大成就奠定基础。丹福斯不向命运妥协低头，他抖擞精神，重整旗鼓，迎接

挑战。他立志要重建拉尔斯顿·布宁纳公司。

丹福斯施展他在推销方面的才能，四处游说。他的第一步，便是设法从当地一个银行家那里取得了一笔担保的贷款。不久之后，他便在原来的旧址附近重新建立起工厂。颇具商业天赋的丹福斯性格坚毅，足智多谋，重建中好几次力挽狂澜，让公司取得意想不到的成功。

1898年，丹福斯开始推出了一种营养丰富的全麦饲料，之后这种产品声誉鹊起。

1904年，丹福斯发现公司因多年运作存留了一大批大小不符合现在包装规格的纸制面粉袋，如果丢掉，无疑是笔不小的浪费。丹福斯灵机一动，下令为每个袋子装上提环，把这批袋子改装为购物袋。当时圣路易市正在举行世界博览会，丹福斯随即把这些购物袋免费赠送给博览会观众，这样就相当于让观众拿着印有公司红白方格标志的袋子替布宁纳公司的产品做了宣传。购物袋从此被很多公司作为促销手段。

丹福斯重视产品的质量。1916年，他设立了一个分析实验室作为公司的一个重要研究开发部门，并利用这个实验室研发了营养价值更高的配制饲料，从而使公司取得该行业中的领导地位。

丹福斯有自己的幸福哲学：敢作敢为，思想远大，乐观向上，生活畅快。丹福斯本人正是在这些思想指导下，将公司做大做强，他希望这种理念也能让公司里的每个人都能拥有自己的幸福感。

丹福斯的故事说明人的幸福在于追求梦想的过程。所以，热情地投入到不断变化的生活之中去吧，追求自己的幸福，让自己更成功！

希望的光芒照亮幸福的生活

幸福的生活得来不易，而养成幸福的习惯更是不易，很多人有想法，却疏于行动，于是错失了幸福的机会。幸福是凭借行动和思考的力量才能实现的。所以，人要想幸福，必须拟定一份有关幸福想法的"清单"，然后，细致地思考这些想法，考虑其是否可行，如若不可行则将之删除掉，以可行的想法取而代之。此外，还可描绘出自己的幸福"蓝图"。思考清楚后，立即行动，不论你面临什么困难，都要勇往直前，直至达成目的。而懒于行动、疏于思考就是放弃希望，这样的人永远与幸福无缘。

一个清晨，在一列老式火车的卧铺车厢中，有6个男士正挤在一个洗手间里刮胡子。经过了一夜的疲劳，次日清晨大家会在这个狭窄的地方做一番漱洗。此时的人们多半神情漠然，彼此也不交谈。

就在此刻，突然有一个面带微笑的男人走了进来，他愉快地向大家道早安，但是却没有人理会他的招呼，有一两人只是面无表情地虚应一番。之后，这人竟然自顾自地哼起歌来，神情显得十分愉快。他的这番举止令有些人感到极度不悦，于是有一个人冷冷地带着讽刺的口吻对这个男人问道："喂！你好像很得意的样子，有什么高兴事吗？"

"是的。"男人回答道，"正如你所说的，我很高兴，因为我养成了让自己觉得天天幸福的习惯。"

是的，幸福的生活要自己创造，那个男人给自己制造着幸福的心情，给自己美好的希望，这样的人无论在何种境遇中都能活得幸福。

一个盲人和一个脚有残疾的人听从仙人指引，结伴去大山深处寻找一种能改变他们的残疾的仙果。他们一直走呀走，途中翻山越岭，历经千辛万苦，十几年后，头发开始花白。

有一天，那脚有残疾的人对盲人说："天哪！这样走下去哪有尽头？我不干了，受不了了。"盲人却说："老兄，我相信

只要我们心中存有希望，会找到的。"可脚有残疾的人执意要待在途中的山寨中，盲人便一个人上路了。由于盲人看不见路，不知道该走向何处，他碰到人便问，人们也好心地指引他。尽管路途艰辛，可他心中的希望未曾改变。终于有一天，他到达了那座山，他全力以赴向上爬，快到山顶的时候，他感觉自己浑身充满了力量，好像年轻了几十岁。他向身旁摸索，摸到了果子一样的东西，放在嘴里咬一口。天哪！他复明了，什么都看见了——树木葱郁，花儿鲜艳，小溪清澈，果子长满了山坡，他朝溪水俯身看去，发现自己竟变成了一个英俊的小伙子！

准备离去的时候，他没有忘记替同伴带上两个仙果。到山寨的时候，他看到同伴拄着拐棍，变成了一个头发花白的老头。同伴已认不出他了，因为他变成一个小伙子了。当他们相认后，同伴吃下那果子，却丝毫未起任何变化，同伴终于知道，原来只有靠自己的行动，才能换来成功和幸福。

人的一生就像一场激烈的比赛，自己行进的每一步都非常重要，也决定了自己未来幸福与成就的大小。在挫折和烦恼面前，彷徨退却是没有意义的。唯有迎难而上，勇于挑战，怀揣希望，才能找到自己的幸福，到达成功的巅峰。

爱迪生说："人只有树立远大的志向，不断努力和拼搏，才能体会到生活的意义。"幸福的生活不去努力是得不到的，幸福要靠自己去争取，靠自己的双手去创造。

美国作家欧·亨利在他的小说《最后一片叶子》里讲了一个关于"希望"的故事：

病房里，一个生命垂危的病人从窗户中看见外面的一棵树，树叶在秋风中一片片地掉落下来。病人望着萧萧落叶，身体也随之每况愈下，一天不如一天。她说："当树叶全部掉光时，我也就要死了。"

一位老画家得知后，用彩笔画了一片叶脉青翠的树叶挂在树枝上。这片叶子始终没有掉下来。因为生命中的这片绿，那个病人竟奇迹般地活了下来。

希望之光可以创造生命和幸福的奇迹，也能改变人对生活的态度，希望是化腐朽为神奇的力量，是人人都需要的宝贵的财富，千万要珍惜它而不要让它失去原有的光彩。

一个小女孩趴在窗台上，看窗外的人正埋葬她心爱的小狗，不禁泪流满面，悲恸不已。她的外祖父见状，连忙引她到另一个窗口，让她欣赏玫瑰花园。果然，小女孩的心情顿时明朗起来。

老人托起外孙女的下巴说："孩子，你开错了窗户。"是的，关上悲伤的窗户，打开希望的窗户，也许就看到了幸福的光明。

人生可以没有很多东西，却唯独不能没有创造幸福的希望。幸福的生活要靠自己创造，无论什么时候，都要满怀希望，这样就不会浪费上天给予人的最宝贵财富——生命。

第八章
活在当下把握点滴幸福

从现在就做幸福的事

心有多大，幸福就有多大

遗忘痛苦才能幸福

幸福在当下

挖掘自己的"幸福宝石"

从现在就做幸福的事

　　人的一生，做的永远是减法，从出生那天开始，便进入了倒计时。春夏秋冬不停地轮回，人们过了一天便少了一天，所以要快乐每一天，因为错过了今天的幸福便永远不能再复制昨天的时光！正如巴尔扎克所说："我们不可能在晚秋时节找到我们在春天和夏天错过了的鲜艳花儿。"

　　这个世界上最不幸的事情，莫过于当你想要做一些事情时，却发现最佳时机已经错过。

　　当你决定为曾经的某个梦想奋斗时，灵感和激情可能早已不存在了；当你开始懂得珍惜那个等候过你的人时，他可能已不在原地；当你想要把时间留给自己的家人、享受天伦之乐时，他们可能早已离开；当你想要美美地化个妆，赴一场久违的约会时，美貌和青春可能已成回忆……

为什么我们总是要留下遗憾，为什么不能珍惜现在呢？当我们忙着工作，忙着奋斗，忙着出人头地，忙着应酬，以致无暇顾及自己的父母、爱人、孩子、朋友时，我们是快乐的吗？当我们想要给自己的亲朋好友弥补时，也许父母早已亡故，朋友已成陌路。

一位爸爸下班回到家很晚了，很累并且有点烦。他5岁的儿子靠在门旁等他。"我可以问你一个问题吗？"儿子问。

"什么问题？"父亲答。

"爸爸，你1小时可以赚多少钱？"儿子问。

"这与你无关，你为什么问这个问题？"父亲生气地回答。

"我只是想知道，请告诉我，你1小时赚多少钱？"儿子哀求说。

"假如你一定要知道的话，我1小时赚20美元。"父亲不耐烦地说。

"哦，"儿子低下了头，接着又说，"爸爸，可以借我10美元吗？"

父亲发怒了："如果你问这问题只是要借钱，去买毫无意义的玩具的话，给我回到你的房间并上床去睡觉。我每天长时间辛苦地工作，没时间和你玩小孩子的游戏！"

儿子听完后安静地回自己的房间并关上门。

父亲坐下来还在生气。约一小时后，他平静下来了，开始想着他可能对孩子太凶了——或许孩子真的很想买什么东西，再说孩子平时很少要钱。

父亲走进儿子的房间问："你睡了吗，孩子？"

"爸爸，还没睡，我还醒着。"儿子回答。

"我刚刚对你太凶了，"父亲说，"这是你要的10美元。"

"爸爸，谢谢你。"儿子欢叫着从枕头下拿出一些被弄皱的钞票，慢慢地数着。

"为什么你已经有钱了还要钱呢？"父亲又生气了。

"因为之前的钱不够，但现在够了。"儿子回答，"爸爸，现在我有20块钱了，我可以向你买一个小时的时间吗？明天请早一点回家——我想和你一起吃晚餐。"

父亲愣了，他望着儿子，他从来没想过这个问题，现在他不知怎么回答孩子，他的内心充满感动与愧疚。

快乐每一天，活出幸福的滋味，就是当春天来临时听听花开的声音，看看明媚的春光；快乐每一天，就是珍惜生命中的每一天，即使遭受风吹雨打也坚强面对，精心培育幸福的硕果。人要把握好今天，抓紧时间为自己创造幸福。

有人曾对不同年龄的人做过一个采访，问他们觉得自己什么时候最幸福。

一个小女孩说："小时候最幸福，因为可以被父母抱着，可以充分体验父母的关爱。"一个小男孩回答："小时候是最美好的，因为那时不用去上学，想做什么就可以做什么，想要什么父母都可以满足，那时我们就像是父母的掌中宝。"

一个少年说："18岁时最幸福，因为那时我已经成年并且高中毕业了，可以开车去任何想去的地方。"一个女孩说："19岁时最幸福，因为我可以谈恋爱了。"

一个中年男人说："年轻精力最充沛的时候最幸福，但现在我已经50岁了，越来越感觉力不从心了，就连走上坡路都感觉吃力。我15岁的时候，通常午夜才上床睡觉。可现在，一到晚上9点就昏昏欲睡了。"一位中年女士说："45岁时最幸福，因为那时我已经尽完了抚养子女的义务，可以充分享受没有负担

的快乐日子。"

还有些老人认为40岁是人生中最幸福的年龄，因为40岁才是人生的开始，无论是在精力上还是生活上、事业上，都刚刚走上人生旅途中最光明的阶段，以前只是在清理前进道路上的荆棘。还有不少老人说："60岁时最幸福，因为此时可以开始享受退休生活，操劳一辈子的心终于可以放下了。"最睿智的是一位90岁的老太太，她说："其实，生命中的每一天都是最幸福的，只是人们不知道去珍惜。"

是啊，生命中每个年龄段都是美好的，最幸福的就是从今天开始做好每一件事，快乐每一天。"一寸光阴一寸金，寸金难买寸光阴。"生命中的每一天都有阳光灿烂的幸福，都值得你微笑着度过每一分每一秒。所以珍惜你自己拥有的所有宝贵时光吧。

心有多大，幸福就有多大

雨果说："世界上最宽广的东西是海洋，比海洋更宽广的是天空，比天空更宽广的是人的心灵。"然而，现今很多人却让自己的心灵变得越来越狭窄，越来越闭塞。

一位老师在给幼儿园的小朋友上课时，在黑板上画了一个圈，问："小朋友们，你们想象一下，这个圈可能是什么？"老师的提问刚刚结束，大家就争先恐后地发言，结果在两分钟内小朋友们说出了22个不同的答案。有的说，这是苹果；有的说，这是月亮；有的说，这是一个烧饼；还有一个小朋友说，这是老师的大眼睛。

这位老师拿着同样的问题来到大学课堂，要大学生们想象一

下黑板上的圆可能是什么。结果两分钟过去了，没有一个同学发言。老师没有办法，只好点名请班长带头发言。班长却慢吞吞地站起来，迟疑地说："这，大概是个零吧！"

这样一个简单的问题，为什么幼儿园的小朋友能找出那么多有创意的答案来，而经过了小学、初中、高中，一路过关斩将的大学生们面对同样的问题，却答不出来？究其原因，就是小朋友没有心灵的束缚，思想积极自由；而人越是成熟，顾虑、烦恼越多：有的人会认为这么幼稚的问题，自己回答之后一定会被笑话；有的人觉得事情有蹊跷，老师怎么会问这么简单的问题，因此这个问题背后一定有玄机。总之，这些人的心灵已经被戴上了枷锁，无法单纯地来看待这个问题，于是，本来简单的问题被复杂化了。

有个小和尚，他每天早上负责清扫寺院里的落叶。清晨起床扫落叶实在是一件苦差事，尤其是在秋冬之际，每一次起风时，树叶总随风飞舞落下，每天早上都需要花费许多时间才能清扫完树叶，这让小和尚头痛不已，他一直想找个好办法让自己轻松些。

后来有个和尚对他说："你在明天打扫之前先用力摇树，

238

把落叶统统摇下来，后天就可以不用扫落叶了。"小和尚觉得这是个好办法，于是第二天他起了个大早，使劲地摇树。他想：这样，就可以把今天和明天的落叶一次扫干净了。

一整天，小和尚都非常开心。第二天，小和尚到院子里一看，不禁傻眼了：院子里如往日一样落叶满地。一位老和尚走了过来，对小和尚说："傻孩子，无论你今天怎么用力摇树叶，明天的落叶还是会飘下来的。"

小和尚终于明白了，世上有很多事是无法提前的，唯有认真地活在当下，才是最明智的人生态度。

岁月像一条河，时间的流水带来或带走人们幸福的时光。世间只有不断超越自我的人，才能享受长久的幸福。

一个人在地里劳动，满头大汗，可是他觉得很幸福，他就是幸福的；另一个人在自家花园里散步，可是他觉得自己很不幸福，他就是不幸福的。其实，幸福是一种感觉，它不取决于人们的生活状态，而取决于人的心态。幸福不幸福，完全在于人的内心感受和对生活的态度。

赛莉斯夫人决定到森林中去享受自然风光，好好享受她"现在"的时光。但是，到了森林以后，她却忍不住想她在家时应当

做的那些事情：她在想孩子在干什么，还应买哪些日常用品，房顶什么时候修，该交哪些费用了，哪些事情还没安排妥当……本是放松思想的休闲时光，她的思绪却飞到她走出森林后应做的那些事情上了，于是本来应该享受的幸福快乐就这样失去了。

幸福有多大，在于你的心量有多大。当我们感到心烦意乱或倦怠时，要赶快调整自己，学会放松心情。身处逆境时，我们要竭尽全力把心放宽。人要撤下"心防"，否则总认为生活被阴影所笼罩。人在面向门外的灿烂阳光时，就不可能被暗影迷雾笼罩着。所以，人只有让自己的心灵变得越来越宽广，幸福才会越来越大。

遗忘痛苦才能幸福

很多人都有这样的经历：夜里怎么也睡不着，曾经的烦恼、忧愁、苦涩、失意的画面在自己的脑海里不断闪现，弄得自己心烦意乱、痛苦不堪。其实人应该向前看，只有把自己从过去中解放出来，才能走上幸福的路。因此，试着用希望迎接朝霞，用笑声送走余晖，用快乐装点每个夜晚，这样，生活的每一天都会更充实，我们也将活得更潇洒，不会再有痛苦的噩梦。

曾任英国首相的劳伦·乔治在和朋友散步时，每经过一道门都要随手把门关上。"您可以不必关门。"朋友微笑着告诉他。"哦，是的。"乔治若有所思地说，"可这一生我始终都在关我后面的门。要知道，当我把门关上，也就将烦恼留在了后面。这

样，我就能轻松前行。"

乔治的回答看似答非所问，但细细品味，它却蕴含了深刻的幸福哲理。"随手关门"就是忘记痛苦的往事，让人们摆脱烦恼，让人们将过去的遗憾转化为前进的动力。

有个俄罗斯人叫普什耶夫，金融风暴波及俄罗斯以后，许多人都受到了冲击，他便是其中一个。那时的普什耶夫已逾不惑之年，是伏尔加格勒小有名气的作家，虽然他的作品不是很多，但他写的故事总能吸引读者，因此稿费很可观，再加上每月有固定的薪水，一家人的日子也算宽裕。可现在他几乎一贫如洗了。普什耶夫消沉了很长一段时间，打算另谋出路。

祸不单行，他在辞职一个月后，不幸染上了肺病，住在医院那阵子，普什耶夫心灰意冷，天天躺在病床上长吁短叹。妻子既要坚持上班，又要忙里忙外照顾老小，很快变得憔悴了，普什耶夫看在眼里却又无可奈何。

一天，妻子来医院时给普什耶夫抱来一本厚厚的相册，让他消磨时光。说来也怪，翻看相册时，普什耶夫的心情好了许多。那本相册里，有普什耶夫孩提时的玩伴、青年时的朋友，有去过的旅游胜地及颁奖仪式时的留念，更重要的是有他和父母、妻女生活的点点滴滴的美好时光。当普什耶夫久久凝视那张母亲生病在床、抱着自己的老照片时，眼前突然一亮，他忘记了自己有病在身，竟然光着脚在地板上欢呼起来："我知道我可以做什么了！这一定是个不错的主意！"原来，普什耶夫想，回忆是人类固有的习惯，"过去的岁月"既可以给人心灵上的慰藉，也可以让人伤心，他要办一家"怀旧公司"，通过"贩卖过去"，让人们摆脱过去痛苦的记忆或者追忆过去美好的时光。

之后的日子里，普什耶夫想尽各种办法，四处联系，精心准备，不到半年，他的"怀旧公司"就开张了。这家公司坐落在伏尔加格勒的西北郊，起初规模很小，随着越来越多的顾客光顾，公司不断壮大，声誉日隆。如今，他的公司已经是一家远近闻名的大公司了，他也从事业的成功中获得了幸福快乐的生活。

人只有忘记过去的痛苦才会有不断前进的动力。有了这种动力，再"悲惨"的人生也会有幸福的转机。所以，当你痛苦时，别让痛苦困住你，闻一闻花香，看一看阳光，你就一定能走在幸福的大道上。

一天，一位哲学家和弟子们探讨幸福的问题，随后他率领诸弟子在街市上寻找幸福。整个街市车水马龙，走出一程后，哲学家

问弟子："刚才看到的这些忙忙碌碌的人中，你们觉得哪个人是幸福的，哪个人是不幸福的呢？"弟子们回答道："街上很多人，好像都面带焦虑之色，各怀心事，少有人脸上有笑容。"哲学家说："如果为琐事所累，为名利奔波，当然焦虑。"

一行人继续往前走，前面有一位老者，一边放羊一边往远方眺望。哲学家随即止住众弟子的脚步，说："这位老者的心灵一定是充实而快乐的。"众弟子面面相觑，心想：一个放羊的老头，孤独寂寞，怎么会是快乐的呢？哲学家看了看迷惑不解的弟子们，高声道："难道你们看不到他的心灵在快乐地'散步'吗？"

是的，人只要自己的内心安详，精神充实，让心灵在时间的流水里自由自在地"散步"，这样简单而随意的生活就是幸福，是最真实的幸福。

"随手关门"，是忘记痛苦的往事；内心安详，是获得和保持幸福的最好方法。摆脱烦恼，忘记过去，不焦虑，轻松放下，就可以向幸福出发。

幸福在当下

有些人总是仰望和羡慕别人的幸福，没发现自己也正在被别人仰望和羡慕着。幸福其实就在当下，不要总是羡慕他人的幸福，你的幸福一直都在你身边，只要你有发现和抓住的能力。

王明对自己的生活特别不满意，他的内心总充满了抱怨：一起毕业的大学同学，有的事业有成，有的出国留学，有的当了高官，有的做了老板，而自己只是在一家小公司上班，过着朝九晚五的平淡生活，每个月拿着不多的工资。

然而同学聚会时很多人却羡慕他："你的薪水虽然不高，但工作压力小；你虽然没有出人头地，但家庭和睦，你不用操心家务事；儿子的学习成绩虽一般，但开朗活泼又孝顺……"

王明仔细想一想，他们说的也不无道理，原来他真的拥有如此之多幸福的事，可是，为什么自己就没有体会到呢？

人们往往容易忽视自己拥有的东西，眼睛却贪婪地盯着别人拥有的东西，甚至还常常为打翻的牛奶哭泣。在幸福面前，有些人生就一副"近视眼"，对那些原本属于自己的快乐和幸福视而不见。其实，借别人的眼光看自己，你可能会发现，原来自己就是个幸福的人。

杰里是个饭店经理，他的心情总是很好。当有人问他近况如何时，他回答："我快乐无比。"

如果哪位同事心情不好，他还会告诉对方怎样调节心情。他说："每天早上，我一醒来就对自己说：杰里，今天有两种选择，你可以选择心情愉快，也可以选择心情不好，我选择心情愉快。每次遭遇失败时，我告诉自己：我可以选择自怨自艾，也可以选择从中吸取教训，我选择后者。人生就是在选择中度过，你要选择让自己快乐。"

有一天，杰里忘记关饭店后门，被三个持枪的歹徒拦住了，歹徒朝他开了枪。

幸运的是，杰里被及时送进了急诊室。经过18个小时的抢救和几个星期的精心治疗，杰里出院了，但仍有小部分弹片留在他体内。

6个月后，有个朋友见到了他，问他近况如何。杰里说："我快乐无比。想不想看看我的伤疤？"那个人看了伤疤，然后问他当时是不是觉得自己很不幸。杰里答道："当我躺在地上时，我没有为自己的遭遇抱怨，我对未来一点也不担心。我对自己说现在我有两个选择：要么悲惨地放弃希望，要么快乐地活下去，我选择快乐地活下去。医护人员把我推进急诊室后，我从他们的眼神中看到了失望的表情，我知道我需要采取一些行动。"

"你采取了什么行动？"朋友问。杰里说："有个护士大声问我有没有对什么东西过敏。我马上答：'有的。'这时，所有的医生、护士都停下来等我说下去。我深深吸了一口气，然后大声叫道：'子弹！'在一片大笑声中，我又说道：'相信我的运气不像你们想的那么糟，我一定要好好活下去！'结果，我就这样顽强地活下来了。"

这个故事告诉我们：人是自己命运的主宰者，别为打翻的牛奶哭泣，只要凡事多往好处想，勇敢地直面现实，充满信心地努力，未来的人生就会充满快乐的阳光；如果凡事往坏处想，深陷

在痛苦中无法自拔，又害怕面对未来的挑战，患得患失，那么人生就会充满黑暗。

一个老和尚和一个小和尚在化缘途中路经一条小溪。来到溪边时，老和尚忽然停下了，并示意小和尚不要作声——原来，他看到两只小麻雀正在溪水中洗澡。不知过了多长时间，两只浑然不觉的小麻雀才洗完，叽叽喳喳地飞走了。

小和尚不无抱怨地说："为了两只小麻雀，居然耽误了咱们这么长时间，真急人！"老和尚意味深长地说："世间的生物不分大小，都有它们的生活乐趣。我们出家人要以慈悲为怀，爱惜苍生。小麻雀们沐浴的时候，它们的意识中肯定也流淌着快乐，我们能看到它们这样的幸福，也是我们的幸福啊！"

有人说："一个人只活在此生此世是不够的，他还应当拥有诗意的世界。""诗意的世界"是幸福的源泉，所以人要学会"诗意地栖居"，即学会工作、学会生活、学会欣赏，让自己的世界成为美丽的风景。幸福是人一生追求的终极目标，让心灵幸福，人才能快乐地度过一生。

挖掘自己的"幸福宝石"

　　一个人的生活是否幸福，并不在于他有多少财富，而在于他是否有把握幸福的能力，在于他是否珍惜当下的美好时刻，正是这些组成了他生活中的"幸福宝石"。追求不到幸福是悲哀的，无法把握幸福也是悲哀的。

　　有一对兄弟，他们家住在大楼的80层。有一天他们外出旅行，回家时发现大楼停电了！虽然他们背着大包的行李，但他们别无选择，于是哥哥对弟弟说："我们就爬楼梯上去！"

　　于是，他们背着两大包行李开始爬楼梯。爬到20楼的时候他们开始累了，哥哥说："包太重了，我们不如把包放在这里，等来电后再坐电梯来拿。"于是，他们把行李放在了20楼，顿时觉

得轻松多了，于是继续向上爬。

他们有说有笑地往上爬，但是好景不长，到了40楼，两人实在累了。想到还只爬了一半，两人开始互相埋怨，指责对方不注意大楼的停电公告，才会落得如此下场。他们边吵边爬，就这样一路爬到了60楼。

到了60楼，他们累得连吵架的力气也没有了。弟弟对哥哥说："我们不要吵了，爬完剩下的20层吧。"于是他们默默地继续爬楼，终于80楼到了！兄弟俩兴奋地来到家门口才发现，他们的钥匙留在了20楼的包里了……

这个故事其实象征着人的一生：20岁之前，每个人都活在家人、老师的期望之下，背负着很多的"压力"、"包袱"，自己也不够成熟、能力不足，因此步履难免不稳。20岁之后，离开了众人的压力，卸下了"包袱"，可以全力以赴地追求自己的梦想，就这样愉快地过了20年。可是到了40岁，发现青春已逝，不免产生许多的遗憾、追悔和抱怨，在这样的心态下又度过了20年。到了60岁，发现人生已所剩不多，于是告诉自己不要再抱怨了，珍惜剩下的日子吧！于是默默地走完了自己的余年。到了生命的尽头，才觉得若有所失：原来，我们所有的梦想都留在了20

岁的青春岁月中，有些还没有来得及完成……

时光不会倒流，生命不会倒转，每个人在世界上逗留的时间其实很短暂，发掘自己的"幸福宝石"，抓住今天、现在的时光，才不会愧对人生。人要学会在现实中快乐地生活，把伤心的一天变成快乐的一天，让自己永远幸福！

从前，一个富人和一个穷人谈论什么是幸福。穷人说："幸福就是现在。"富人望着穷人的茅舍、破旧的衣着，轻蔑地说："你现在怎么能算得上幸福呢？我的幸福才是幸福，我拥有百间豪宅、千名奴仆。"

有一天，一场大火把富人的百间豪宅烧得片瓦不留，奴仆们各奔东西。一夜之间，富人沦为乞丐。

7月骄阳似火，汗流浃背的"富人乞丐"路过穷人的茅舍，想讨口水喝。穷人端来一大碗清凉的水，问他："现在你认为什么是幸福？""富人乞丐"眼巴巴地说："现在幸福就是你手中的这碗水。"

看到了吧，不管曾经怎样，现在才是最实在的。

一个人在任何情况下都可以选择追求幸福，追求幸福是人生永恒的主题。荷兰阿姆斯特丹市有一座十五世纪的教堂遗迹，里

面有这样一句让人过目不忘的题词："事必如此，别无选择。"

这句话告诉人们，在现实面前，人类的力量往往显得非常渺小。

所以面对不可避免的事，要用积极主动的心态去对待，要让自己

快快乐乐地生活。

  所以，如果你想得到幸福生活，请记住：珍惜现在。只有如

此，才能到达幸福的彼岸。

  每个人都要学会珍惜现在，不要等灾难来临，才知道富贵不

过身外之物；不要等病痛来临，才知道健康对自己有多么重要；

不要等亲人离去，才知道家庭的温馨是多么可贵；不要等死亡来

临，才知道活着是多么美好！时光匆匆，幸福稍纵即逝，所以要

珍惜幸福的时光，快乐地生活。